Omar Amer
Azza Raef

Parasitas de animais selvagens

ScienciaScripts

Cover image: www.ingimage.com

This book is a translation from the original published under ISBN 978-620-7-45856-1.

Publisher:
Sciencia Scripts
is a trademark of
Dodo Books Indian Ocean Ltd. and OmniScriptum S.R.L publishing group

120 High Road, East Finchley, London, N2 9ED, United Kingdom
Str. Armeneasca 28/1, office 1, Chisinau MD-2012, Republic of Moldova, Europe
Printed at: see last page
ISBN: 978-620-8-36061-0

Omar Amer
Azza Raef

Parasitas de animais selvagens

Conteúdo

Parasites Of Wild Animals
Prof. Omar H. Amer
Prof. Azza M. Raef

AUTORES

Prof. Omar Hassan Amer

Doutor em Medicina Veterinária, pelo Departamento de Parasitologia da Universidade de Zagazig, Egito. Tem um doutoramento em Parasitologia sobre Filariose em cães e estudos de pós-doutoramento em Giessen, Alemanha, de 1993 a 1994. As suas principais áreas de investigação centram-se no diagnóstico e tratamento de infecções parasitárias em animais domésticos e selvagens e na epidemiologia de doenças parasitárias transmitidas por peixes. Passou 10 anos, de 2009 a 2019, a ensinar e a investigar Parasitologia Médica na Universidade de Hail, na Arábia Saudita, na Faculdade de Medicina, onde trabalha como Vice-Reitor de Ciências Médicas Aplicadas.

Prof. Azza M. Raef

Investigadora principal do Departamento de Parasitologia, Instituto de Investigação em Saúde Animal, Zagazig, Egito. Tem um doutoramento em Parasitologia sobre o papel dos peixes marinhos na transmissão de alguns para animais e aves, em 1994, e um diploma em patologia clínica, em 1986. As suas principais áreas de investigação centram-se na aquacultura e na ciência das pescas e nos parasitas zoonóticos.

AGRADECIMENTOS

Os autores gostariam de agradecer:

Os Departamentos de Parasitologia da Faculdade de Medicina Veterinária da Universidade de Zagazig por fornecerem numerosas imagens de parasitas.

Frans Rochette por todos os desenhos do livro, bem como por ter fornecido a fotografia de parasitas que infectam animais utilizada para este livro.

Frederic Beugnet, Lenaig Halos e Jacques Guillot que forneceram o quadro da parasitologia clínica em cães e gatos

Finalmente, gostaríamos de agradecer a todos os parasitologistas veterinários que partilharam os seus conhecimentos sobre parasitas específicos e nos ajudaram a completar este livro.

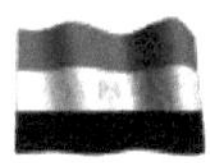

PREFÁCIO

Os animais selvagens necessitam de proteção e conservação adequadas para a sua sobrevivência, especialmente no mundo moderno. Muitos dos danos causados à caça e ao seu habitat ocorrem atualmente em reservas de caça, explorações comerciais e jardins zoológicos, principalmente devido à negligência e à ignorância.

O objetivo deste livro é apresentar informação fiável e abrangente sobre parasitas de animais selvagens no Egito. Parasitas helmínticos, protozoários e ectoparasitas de carnívoros selvagens, bem como de herbívoros em alguns animais selvagens, principalmente no Egito.

Espera-se que este livro seja valioso como fonte de informação sobre doenças infecciosas e não infecciosas de animais selvagens, incluindo os animais selvagens domesticados e os animais selvagens mantidos em reservas. Devido à natureza multidisciplinar das doenças da fauna bravia, o livro destina-se a um público alargado: veterinários, biólogos da fauna bravia, professores, trabalhadores médicos e muitos outros. A principal preocupação é promover a consciencialização da importância das doenças da fauna bravia.

Foram publicados vários textos e actas de conferências sobre doenças da fauna bravia. No entanto, este texto continua a ser diferente, uma vez que fornece uma visão geral sistemática integrada e comentários com ênfase em África.

Nenhum livro desta natureza pode ser definitivo, mas pelo menos as bases são imutáveis e muita informação em falta será dada a conhecer por futuros investigadores. O livro foi também concebido para complementar os manuais básicos sobre parasitas de animais selvagens.

INTRODUÇÃO

Há muito que se reconhece que a fauna selvagem é uma fonte potencial de doenças infecciosas emergentes nos seres humanos e nos animais domésticos e, historicamente, as doenças da fauna selvagem têm merecido atenção sobretudo quando são consideradas uma ameaça para os sistemas agrícolas e para a saúde económica, social ou física dos seres humanos .

De facto, os potenciais impactos das doenças infecciosas nas populações de fauna bravia têm sido frequentemente ofuscados por questões antropocêntricas aparentemente mais prementes. No entanto, atualmente, existe uma compreensão em rápida evolução da ecologia das doenças infecciosas na fauna bravia, incluindo uma nova apreciação do impacto que as doenças infecciosas podem ter na dinâmica e sustentabilidade das populações de fauna bravia.

Em particular, é cada vez mais reconhecida a grave ameaça que as doenças podem representar para as espécies selvagens ameaçadas e geneticamente empobrecidas, bem como a importância de preservar a biodiversidade nos ecossistemas da vida selvagem para prevenir e controlar o aparecimento ou reaparecimento de doenças.

As doenças parasitárias podem ter um impacto significativo na vida selvagem. Esta é uma grande preocupação, particularmente para a conservação de espécies ameaçadas. Os parasitas podem causar o declínio temporário ou permanente das populações de animais selvagens.

Existem pelo menos tantas espécies de parasitas como de outros organismos. Os parasitas são uma parte importante da biodiversidade e de um ecossistema saudável. Isto significa que não existe uma forma simples de lidar com as infecções parasitárias.

A investigação tem-se centrado principalmente nas doenças parasitárias que ameaçam os seres humanos ou os animais domésticos. Não tem sido dada atenção suficiente aos potenciais impactos das doenças parasitárias na vida selvagem.

Os seres humanos e os animais domésticos podem propagar parasitas à fauna selvagem. Prevê-se que esta situação aumente à medida que a vida selvagem interage mais com os seres humanos e os animais domésticos devido à expansão urbana e ao desbravamento de terras. Os recentes avanços na ciência significam que os investigadores estão agora a obter uma visão das doenças transmitidas à vida selvagem por pessoas e animais domésticos.

A vida selvagem como fonte de infeção parasitária

Os animais selvagens são frequentemente vistos como a causa de doenças parasitárias que se propagam aos seres humanos ou ao gado. Em muitos casos, porém, há provas de que essas doenças parasitárias foram originalmente introduzidas nas populações de animais selvagens pelos seres humanos. Exemplos incluem *Giardia*, sarna sarcóptica (sarna) e *Echinococcus sp.* e Filariose no Egito, Amer (1984).

Os esforços de conservação da vida selvagem negligenciam frequentemente os potenciais impactos dos parasitas nas populações de animais selvagens. Os seres humanos sabem muito pouco sobre as relações ecológicas entre parasitas e hospedeiros e o seu impacto na saúde da vida selvagem. Algumas investigações específicas produziram dados valiosos e muitas vezes inesperados. Exemplos disso são as investigações sobre *Leishmania*, *Trypanosoma* e *Toxoplasma*, Daszak et al, 2000 Embora os parasitas possam constituir uma ameaça para a vida selvagem, também têm um valor de conservação. Os parasitas são componentes importantes dos ecossistemas e podem alterar a estabilidade das cadeias alimentares. Os parasitas podem influenciar o comportamento de hospedeiros individuais, regular a dimensão da população do hospedeiro através da alteração das taxas de natalidade e de mortalidade e atuar como engenheiros do ecossistema. Por conseguinte, a redução da população de parasitas e a perda de espécies de parasitas podem ter impactos importantes no funcionamento dos ecossistemas e afetar a biodiversidade.

PARTE I

ANIMAIS SELVAGENS EGÍPCIOS

Fig.1 O Egito antigo e os animais selvagens

O amor de muitas pessoas pela vida selvagem é tão intenso que viajam à volta do mundo só para ver alguns animais. Muitos atravessam continentes para descobrir certas espécies de animais, enquanto algumas pessoas vão viver para uma região simplesmente por causa dos tipos de animais existentes nessa região. Gostam simplesmente de explorar a vida selvagem! Quando a maior parte das pessoas pensa na terra dos faraós, só imagina grandes quilómetros de deserto cheios de poeira, tempestades de areia e secura e desprovidos de vida selvagem substancial. Isto está longe de ser verdade, porque há um número infinito de animais que vivem no Egito, para além dos populares lagartos de cauda gorda e ratos da areia. Bem, há de facto muitos animais do deserto no Egito, graças aos grandes hectares de desertos, como os camelos, os caracais, os gatos da areia e muitos outros, mas há também outros tipos de vida selvagem que vivem no Egito, como em breve descobrirá. Assim, da próxima vez que viajar para viver no Egito, esteja atento a estes adoráveis **animais que vivem no Egito**. Alguns deles vão obviamente deixá-lo aterrorizado, enquanto muitos outros vão apelar ao seu sentido de amor pela vida selvagem.

CARNÍVORA	HERBÍVORO	OMNÍVORO
HIENA	GAZELA DE MONTANHA	AARDVARK

CARACAL	ÍBEX DA NÚBIA	JAVALI
MANGUSTO DO EGITO	ÓRIX DA ARÁBIA	BABUÍNO
SALAWA	ÓRIX CIMITARRA	HIRACÓIDES DA ROCHA OU DO CABO
AARDWOLF	ANTÍLOPE BRANCO	ORELHA COMPRIDA
		OURIÇO
AFRICANGOLDEN LOBO	GAZELLALEPTOCEROS	
RAPOSA VERMELHA DO EGITO	DORCAS GAZELA	
RAPOSA DE BLANFORD	OVINOS BÁRBAROS	
CHITA	SELVAGEM BURRO	
GATO-PALHEIRO LISTRADO DO SAARA		

Hiena carnívora

Fig. 2 Hiena

A hiena listrada ainda se encontra em algumas partes do Egito, embora a população esteja a diminuir gradualmente e tenha sido classificada como quase ameaçada pela IUCN. Existem cerca de 10 000 hienas listradas espalhadas pelo sudoeste da Índia, Médio Oriente e África Subsariana. Em tempos, foram encontradas em grandes populações ao longo do vale do Nilo e do delta do Nilo, de onde ocasionalmente se deslocavam para a cidade em busca de alimento, mas atualmente são raras.

Caracal

Fig. 3 Caracal

O caracal é por vezes referido como lince africano, lince persa ou lince do deserto, embora não seja um lince. Vive no sudoeste da Ásia e em África, onde pode ser encontrado em pradarias e desertos. O caracal pode ser encontrado nos desertos do leste e do norte do Egito, embora o seu número seja reduzido. Está classificado como uma espécie ameaçada no Norte de África. O caracal é um membro dos felinos e emite sons comuns aos felinos, mas o animal é conhecido por ladrar quando ameaçado por um predador.

Mangusto do Egito

Fig.4 Mangusto do Egito

O mangusto egípcio, como o seu nome sugere, pode ser encontrado em todo o Egito, embora o deserto não seja o habitat ideal para estes animais. Em vez disso, preferem viver em zonas com fácil acesso à água, como as florestas. Ao contrário de muitas espécies desta lista, o mangusto egípcio é uma espécie de menor preocupação.

Salawa

Fig. 5 Salawa

Embora algumas pessoas pensem que esta criatura não é real, pode perguntar pelo Egito e verá como as crianças ficam aterrorizadas quando a descrevem. É um híbrido de meio cão e meio lobo e vive em todo o lado onde há habitantes humanos no Egito. Parece-se muito com um cão, mas é maior, mais magro e mais assustador. Ataca os humanos, especialmente as crianças, sem provocação, pelo que é aconselhável evitar sempre um Sal3wa a todo o custo.

Aardwolf

Fig. 6 Lobo de barba

Este é o animal mais próximo da hiena que vive no Egito. O lobo das araras é um canídeo insectívoro que vive nas planícies do Alto Egito e muito perto da fronteira sudanesa. Ao contrário dos outros membros da família das hienas, o lobo das araras não se alimenta de grandes mamíferos ou de outros animais; em vez disso, alimenta-se de uma multidão de formigas e térmitas, cerca de 200 000 de uma só vez. O lobo-árvore é uma das maiores ameaças aos insectos, formigas e térmitas que vivem no Egito. Com as suas línguas pegajosas, prendem estas pequenas criaturas. O mais engraçado é que o lobo das araras não constrói a sua própria toca, mas habita as tocas escavadas pelos aardvarks ou pelos porcos-espinhos.

Lobo dourado africano

Fig.7 Lobo dourado africano

O C. lupaster tem uma vasta distribuição na metade superior de África, ocorrendo no Senegal, Burkina Faso, Camarões, República Centro-Africana, Djibuti, Eritreia, Etiópia, Guiné, Mali, Mauritânia, Níger, Somália, Sudão do Sul , Sudão, Saara Ocidental, Nigéria, Chade, Marrocos, Argélia, Tunísia, Líbia, Quénia, Egito e Tanzânia.

Raposa vermelha do Egito

Fig. 8 Raposa vermelha do Egito (Vulpesvulpesaegyptiacus)

É a maior raposa do Egito e uma das três espécies de raposa que ocorrem no Sinai. Nunca avistei uma raposa enquanto passeava pelos wadis, mas ao longo dos anos avistei várias a partir de veículos em movimento.

Raposa de Blanford

Fig. 9 Raposa de Blanford (Vulpescana) Chacal

Existem agora registos confirmados no Médio Oriente na Jordânia, na Península do Sinai (Egito), em Omã, na Arábia Saudita e nos Emirados Árabes Unidos.

Chita

Fig. 10 Chita

"A chita, o animal terrestre mais rápido do mundo, foi vista no Egito há 20 anos. No entanto, não se pode dizer que tenha desaparecido, mas é bastante difícil vê-la,que a presença da chita é incerta no Egito, Djibuti, Líbia, Somália, Sudão e Togo.

Gato-palheiro listrado do Saara

Fig.11 Pintassilgo de riscas

As doninhas estão entre os tipos mais populares de animais que vivem no Egito e em todo o Norte de África. Estas pequenas criaturas também são chamadas de doninha listrada da Líbia. São muito atraentes para os olhos e bonitos de se ver. No entanto, não se deixe enganar pela fofura da doninha, pois trata-se de um animal estritamente carnívoro.

As doninhas alimentam-se da carne de lagartos, aves, roedores e outros pequenos mamíferos. Os gatos-palheiros estão entre os animais mais assustadores que vivem no Egito, devido ao fumo malcheiroso que emitem sempre que são provocados. São escavadores noturnos e, por vezes, podem ser muito assustadores. Assim, a doninha é um dos animais mais bonitos que se pode encontrar no Egito, mas está longe de ser um dos animais mais amigáveis que se pode ver no Egito.

Herbívoro Gazela da montanha

Fig12 Gazela de montanha

"A segunda espécie no topo da lista é a gazela da montanha. O Egito tinha três tipos de gazelas; uma das três espécies, a gazela da montanha, extinguiu-se há dezenas de anos.

Íbex da Núbia

Fig13 Íbex da Núbia

"O íbex núbio é um dos animais menos vulneráveis à extinção. Foi classificado como "vulnerável" na lista vermelha da IUCN.

Existe no Protetorado de Santa Catarina, na Península do Sinai, onde a população foi estimada em 200 a 250 indivíduos, de acordo com um estudo intitulado "Predicting the Status and Distribution of Nubian Ibex in the High Altitude Mountains of South Sinai by the Nature Conservation Setor, Egyptian Environmental Affairs Agency in 2010".

Vive no deserto, nas zonas rochosas, nos arbustos e nas montanhas e ainda existe no Egito, em Israel, na Jordânia, em Omã, na Arábia Saudita, no Sudão e no Iémen. No entanto, foi anunciada a sua extinção no Líbano.

Órix da Arábia

Fig.14 Órix da Arábia

Historicamente, o órix-da-arábia provavelmente distribuía-se pela maior parte do Médio Oriente. No início do século XIX, ainda se podia encontrá-lo no Sinai, na

Palestina, na Transjordânia, em grande parte do Iraque e na maior parte da Península Arábica. Durante o século XIX e o início do século XX, a sua área de distribuição foi empurrada para a Arábia Saudita e, em 1914, apenas alguns sobreviviam fora desse país. Na década de 1930, foram registados alguns exemplares na Jordânia, mas, em meados da década de 1930, as únicas populações restantes encontravam-se no deserto de Nafud, no noroeste da Arábia Saudita, e no Rub' al Khali, no sul.
Órix cimitarra

Fig.15 Oryx cimitarra (*Oryx dammah*)

a cimitarra Oryx está regionalmente extinta na Argélia, Burkina Faso, Chade, Egito, Líbia, Mali, Mauritânia e Marrocos,
Níger, Nigéria, Senegal, Sudão, Tunísia e Saara Ocidental, e foi considerada extinta na natureza.
Antílope branco

Fig16 Antílope branco

O addax habita regiões áridas, semidesertos e desertos arenosos e pedregosos. Ocorre mesmo em zonas extremamente áridas, com menos de 100 mm de precipitação anual. Habita também desertos com gramíneas (espécies de *Stipagrostis*) e arbustos de espinhos suculentos *Cornulaca*. Antigamente, o addax estava disseminado na região sahelo-sariana de África, a oeste do Vale do Nilo e em todos os países que partilham o deserto do Sara; mas atualmente a única população autossustentável conhecida está presente na Reserva do Maciço de Termit (Níger). No entanto, há relatos de avistamentos nas montanhas Air (Níger) e em Bodele (Chade). Podem ser observados nómadas raros no norte do Níger, no sul da Argélia e na Líbia; há rumores de que o addax está presente ao longo da fronteira Mali/Mauritânia, embora não tenha havido avistamentos confirmados. O addax foi outrora abundante no Norte de África, sendo nativo do Chade, da Mauritânia e do Níger. Está extinto na Argélia, Egito, Líbia, Sudão e Saara Ocidental. Foi reintroduzida em Marrocos e na Tunísia.
Gazellaleptoceros

Fig.17 GazellaLeptoceros

A gazela-da-areia ou rhim (*Gazellaleptoceros*), também conhecida como gazela de chifres finos, gazela-da-areia-africana ou gazela de Loder, é uma gazela de pelagem clara, com chifres longos e finos e bem adaptada à vida no deserto. É considerada uma espécie em perigo de extinção, pois restam menos de 2500 exemplares na natureza. Pode ser encontrada na Argélia, Egito e Líbia e, possivelmente, no Chade, Mali, Níger e Sudão.

Dorcas gazela

Fig. 18 Gazela Dorcas

A gazela Dorcas é nativa do deserto e do semi-deserto do Egito e do Médio Oriente. É considerada um animal vulnerável que está em vias de extinção. A gazela está altamente adaptada ao ambiente desértico e pode durar vários meses sem água e com alimentação limitada. A gazela Dorcas habita as planícies costeiras e os desertos pedregosos do Egito, onde se adaptou a alimentar-se de sementes de acácias e de plantas do deserto. Em tempos, estes animais percorreram os desertos ocidentais e orientais do Sinai em grandes populações, mas atualmente restam menos de 1.000 na

natureza.
Ovinos bárbaros

Fig. 19 Ovelha Barbary

"Está ameaçada de extinção num grau inferior ao de todas as espécies anteriormente mencionadas."
Em 2008, foi anunciado pela UICN como um dos animais que podem vir a ser extintos, uma vez que o seu número - nessa altura - se situava entre os 5.000 e os 10.000 indivíduos. O seu habitat natural é o Egito, a Argélia, o Chade, a Líbia, o Mali, a Mauritânia, Marrocos, o Níger, o Sudão e a Tunísia.
Rabo selvagem africano

Fig. 20 Rabo selvagem africano

O burro selvagem africano é uma espécie de burro criticamente ameaçada de extinção que se encontra nos arredores do Corno de África. A sua área de distribuição anterior incluía o Egito, o Sudão e a Líbia, mas a perseguição para obter carne e pele reduziu a sua população a umas escassas centenas.

Aardvark OMNÍVORO

Fig. 21 Aardvark (mamífero comedor de formigas)

Os aardvarks são animais mamíferos que se assemelham aos populares ursos e que se alimentam maioritariamente de formigas, pelo que são apelidados de "ursos-formigas". Estes pequenos animais comedores de formigas encontram-se principalmente nas savanas do Alto Egito e também noutras partes subsarianas de África. Perguntamo-nos porque é que consideram os aardvarks como um animal parecido com um urso, quando, na realidade, se parecem tanto com porcos não alimentados com uma dieta. Têm focinhos salientes que utilizam para sugar formigas e térmitas, e têm também umas garras terríveis que utilizam para escavar. Os Aardvarks são alguns dos tipos populares de animais que vivem no Egito.

Javali

Fig.22 Javali

Os javalis são alguns dos animais mais conhecidos no mundo de hoje, mas, surpreendentemente, existem em grande número no Egito. De facto, existem em colónias! Muitas pessoas, incluindo especialistas em vida selvagem, contestam o facto de os javalis serem originários do Egito, apesar de existirem muitos deles a viver no Egito. Estes mamíferos selvagens vivem perto dos desertos e também do delta do Nilo, por isso, se os quiser ver quando fizer uma excursão ao Egito, tente procurá-los à volta do delta do Nilo, porque há algumas colónias deles a viver na região. Os especialistas acreditam que as colónias de javalis que vivem atualmente no Egito são um híbrido de porcos nativos domesticados.

Babuíno

Fig. 23 Babuíno

Alimentam-se de ervas, raízes, sementes, folhas, frutos, insectos, peixes, mariscos, roedores, aves, macacos vervet e pequenos antílopes.

Os babuínos são terrestres (vivem no solo) e podem ser encontrados em savanas abertas, florestas abertas e colinas em toda a África. A sua dieta é omnívora: comem ervas, raízes, sementes, folhas, frutos, insectos, peixes, mariscos, roedores, aves, macacos-vervet e pequenos antílopes. São forrageadores e estão activos a horas irregulares durante o dia e a noite. Invadem frequentemente habitações humanas e, na África do Sul, são conhecidos por atacarem ovelhas, cabras e aves de capoeira.

Hiracóides das rochas ou do cabo

Fig. 24 Hidrax da rocha ou do cabo

alimenta-se de ervas, frutos, insectos, lagartos e ovos de aves.

O hyrax das rochas ou do cabo é nativo da África subsariana, com exceção de Madagáscar e da bacia do Congo. Também pode ser encontrado na Argélia, Líbia, Egito, Líbano, Península Arábica e Jordânia. O hyrax é um animal excecionalmente adaptável que pode sobreviver em climas tropicais e desérticos, desde que encontre alimento e abrigo. É conhecido como hyrax das rochas porque prefere viver nas rochas, uma vez que não consegue escavar as suas próprias tocas. O hyrax alimenta-se de ervas, frutos, insectos, lagartos e ovos de aves. No Egito, o hyrax encontra-se principalmente perto dos oásis ou ao longo das margens do Nilo.

Ouriço-cacheiro de orelhas compridas

Fig. 25 Ouriço-cacheiro de orelhas compridas

Alimentação: Insectos, com algumas minhocas e uma pequena quantidade de lesmas e caracóis.

O ouriço-cacheiro é uma espécie mais pequena do ouriço-cacheiro. É originário do Médio Oriente, da Ásia Central, do Egito e da Líbia. Este ouriço distingue-se das outras espécies de ouriços devido ao seu pequeno tamanho e às suas orelhas compridas. Embora se alimente preferencialmente de insectos, o ouriço-cacheiro pode também alimentar-se de plantas e de pequenos vertebrados. Encontram-se em todos os parques nacionais do Egito, especialmente nas zonas mais verdes, onde se podem encontrar insectos e relva.

PARTE II

HELMINTAS PARASITAS DE CARNÍVOROS SELVAGENS

TREMATODOS

1. ***Heterophyes heterophyes***
2. ***Apophallus donicus***
3. ***Clonorchis sinensis***
4. ***Alaria alata***
5. ***Paragonomus westermani***

CESTODES

1. ***Dipylidium caninum***
2. ***Taenia sp.***
3. ***Echinococcus sp.***
4. ***Diphyllobothrium latum***
5. ***Spirometra felis***

NEMATODES

6. ***Toxocara sp.***
7. ***Anclyostoma sp.***
8. ***Spirocerca lupi***
9. ***Baylisascaris procyonis***
10. ***Gnathostoma spinigerum***
11. ***Physaloptera praeputialis***
12. ***Dirofilaria immitis***
13. ***Trichuris sp.***
14. ***Filaroides sp.***
15. ***Dioctophyma renale***
16. ***Trichinella spiralis***

1. TREMATODOS

i. Heterophyes heterophyes

Doença: ***Heterofíase***

Agente causal: - *Heterophyes heterophyes*

Anfitrião:- Gatos **selvagens**, cães, raposas e focas

Local: - intestino delgado

Ciclo de vida:-

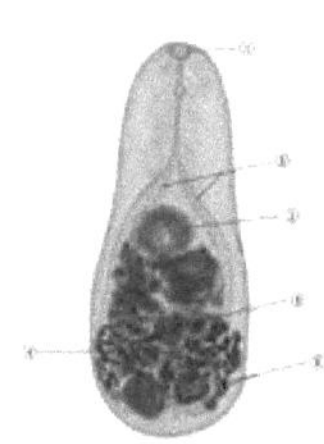

Fig.26 Heterophyes heterophyes adulto

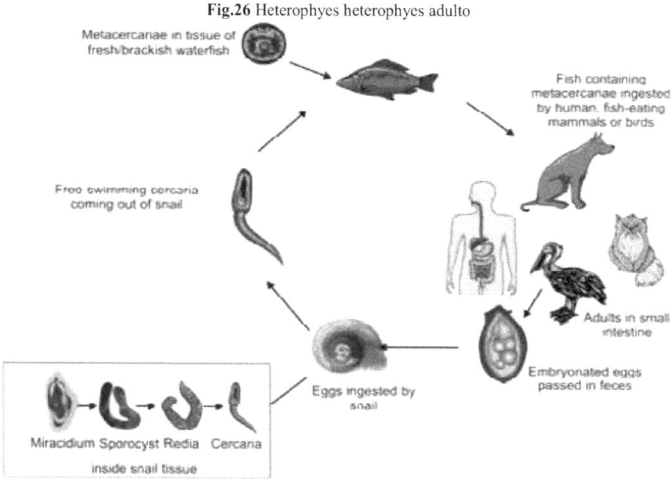

Fig.27 Ciclo de vida de Heterophyes heterophyes

Material para diagnóstico:- Dungs

Fase de diagnóstico: - Ovo

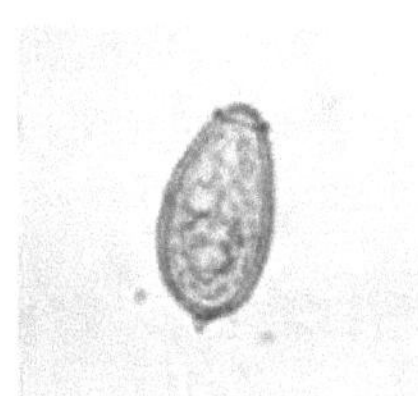

Fig. 28 Ovo de Heterophyes sp.

ii. Apophallus donicus:

Doença: *Apophalluiasis*

Agente causador: *Apophallus donicus*

Anfitrião:- Gatos **selvagens**, cães, raposas e focas

Local: - intestino delgado

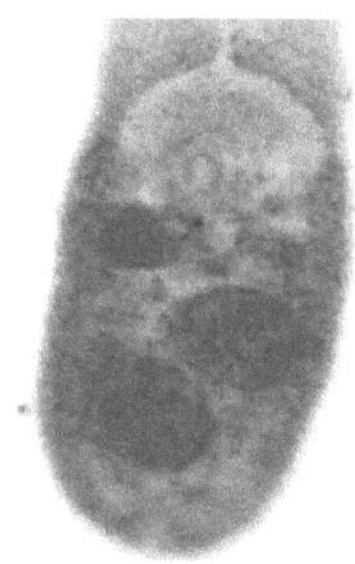

Fig. 29 Apophallus donicus adulto:

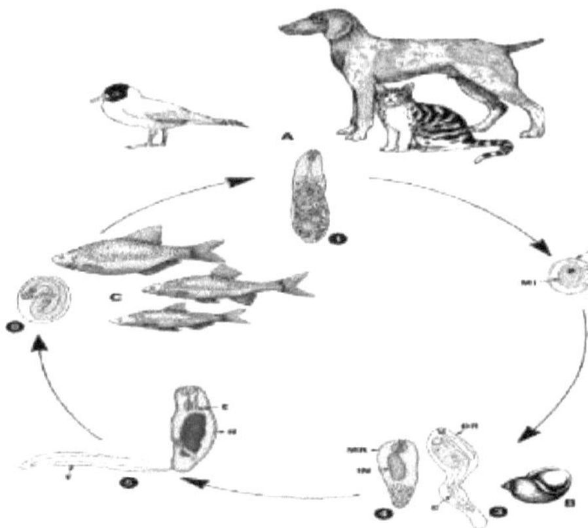

Fig. 30 Ciclo de vida de *Apophallus sp.* Odening (1970)

Material para diagnóstico: Dungs

Fase de diagnóstico: Ovo

iii. Clonorchis sinensis

Doença: ***Clonorquíase***

Agente causal: Clonorchis sinensis, nome comum **da fascíola hepática** chinesa

Hospedeiro: mamíferos piscívoros, incluindo os humanos.

como cães, gatos, ratos, porcos, texugos, doninhas, camelos e búfalos

Local:- ducto biliar e vesícula biliar

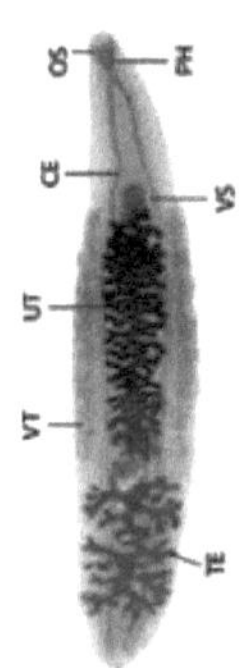

Fig. 31 Clonorchis sinensis adulto

Ciclo de vida:.

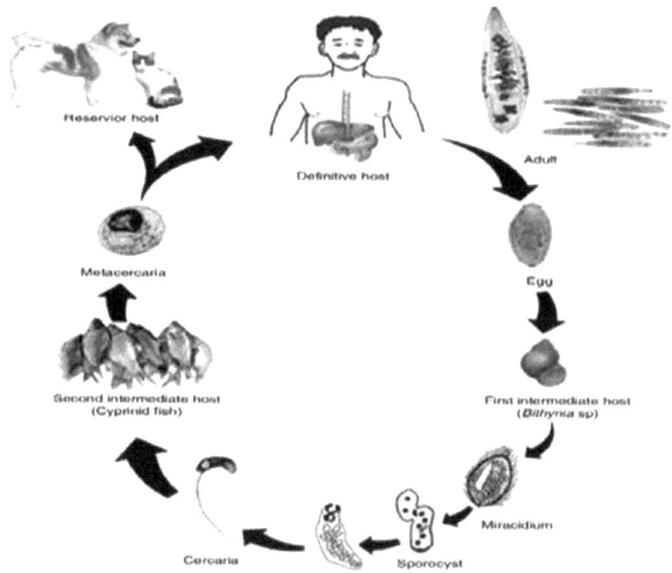

Fig. 32 Ciclo de vida de *Clonorchis sinensis*

Material para diagnóstico : Fezes
Fase de diagnóstico :- Ovo
***Alaria* alata**

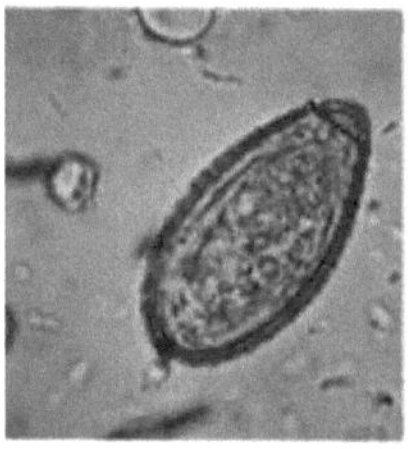

Fig. 33 *Ovo de Clonorchis*

Doença: ***Alariose***
Agente causticante: *Alaria alata, Alaria marcianae, Alaria Americana*:
Hospedeiros afectados: - gatos, cães e carnívoros selvagens.
Local: - Parasitas do intestino delgado

Fig. 34 Alaria sp. adulta

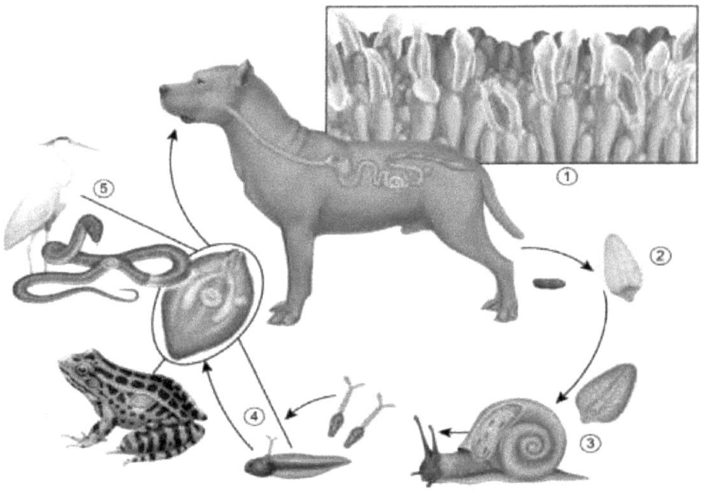

Fig. 35 Ciclo de vida de *Alaria sp.*

Material para diagnóstico: - Dungs
Fase de diagnóstico: - Ovo. Os ovos são grandes: 100-125. 60-80 gm.

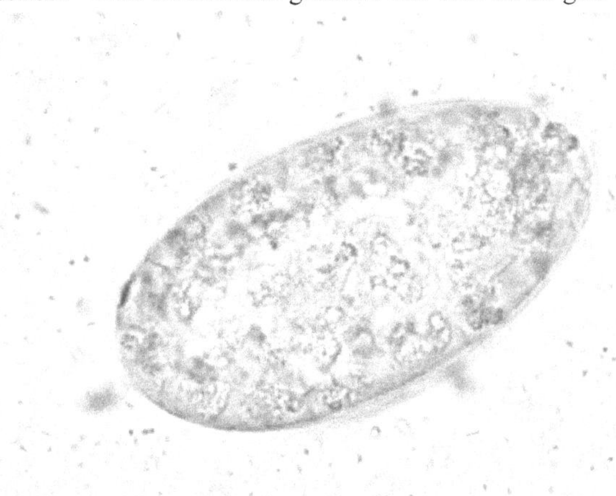

Fig. 36 Alaria sp eg

Paragonomus sp.

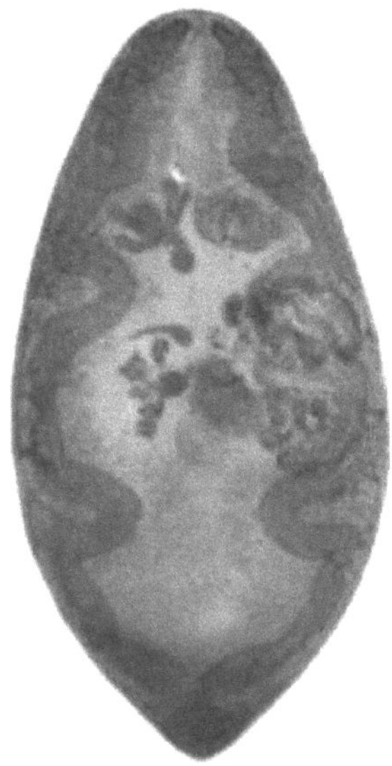

Fig. 37 Adulto de Paragonomus sp.

Doença*:* **- Paragonimíase <u>(vermes pulmonares)</u>**
Agente causal: - *Paragonomus* westermani& *P. Kalikoti*
Anfitrião:-porcos, cães e uma variedade de felinos
Local: pulmão
Ciclo de vida:-

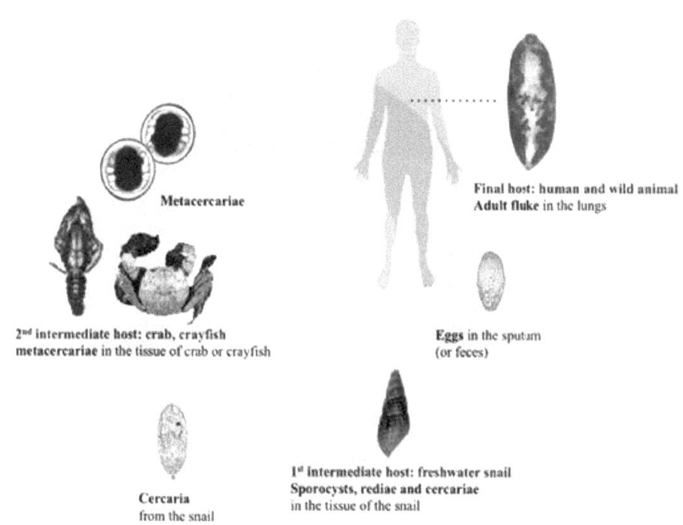

Fig. 38 Ciclo de vida do *Paragonomus*

Material para diagnóstico: - fezes ou expetoração, **Fase de diagnóstico: -** Ovo

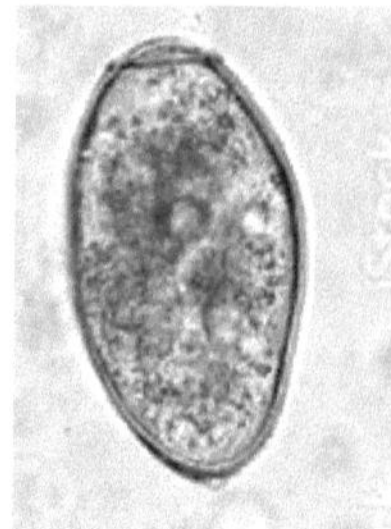

Fig. 40 Ovo de Paragonomus

11. *CESTODES*

1. *Dipylidium caninum*

Doença:-Dipilidiose

Hospedeiro*:* Os carnívoros selvagens (Mustelidae, Felidae e Canidae) também podem albergar o cão e o gato. *O Dipylidium caninum* pode infestar os seres humanos, que são contaminados através da ingestão do hospedeiro intermediário, a pulga.

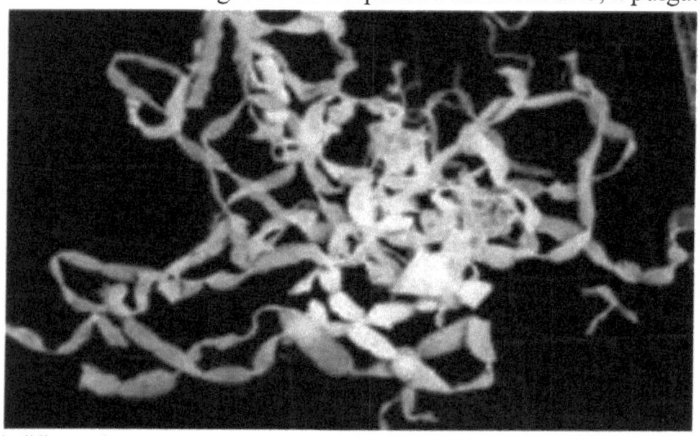

Fig. 41Adulto Dipylidium caninum

Local: - Intestino delgado

Fig.42 Dipylidium caninum no intestino

Ciclo de vida:-

DipyliJium caninwn

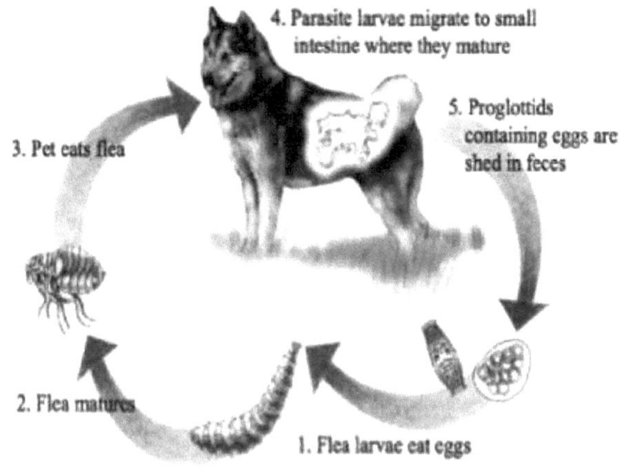

Fig. 43 Ciclo de vida de *Dipylidium camnum*

Material para diagnóstico: - Dungs

Fase de diagnóstico: - Ovo

Estes ovos podem ser isolados ou agrupados dentro das cápsulas ovíferas.

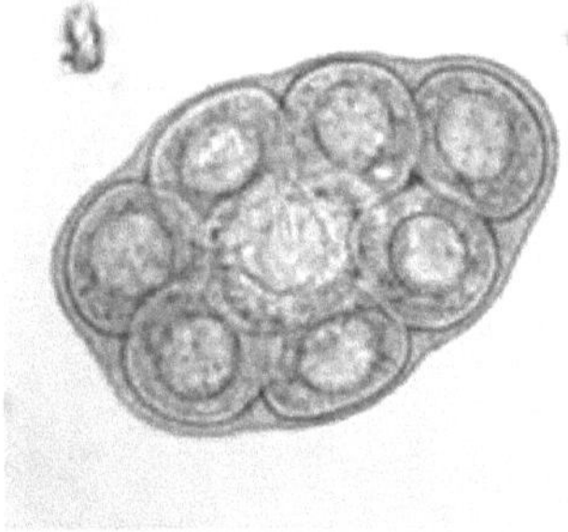

Fig. 44 Cápsulas ovíferas

2. *Taenia sp.*

Doença: *Taeníase*

Agente patogénico:-Taenia *hydatigena, T. multiceps,T. pisiforms, & T.taenifomis*

Anfitrião:- Gatos **selvagens**, cães, raposas e focas

Local:- intestino delgado

Fig.45 Verme adulto da Taenia

Ciclo de vida:-

Fig. 46 Ciclo de vida da Taenia

Material para diagnóstico: - Feaces **Fase de diagnóstico:** - Ovo

ý Os ovos são esféricos e medem 31 - 43 µm de diâmetro

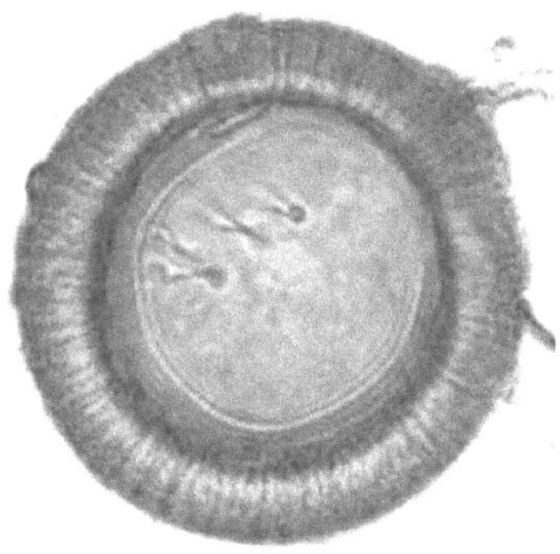

Fig.47 Ovo de Taenia sp.

3. *Echinococcus sp.*

Doença :Equinococose

Hospedeiros de *E. granulosus Sp.*

Hospedeiros finais: canídeos.

Hospedeiros intermediários: caprinos, bovinos, equinos e suínos, e seres humanos

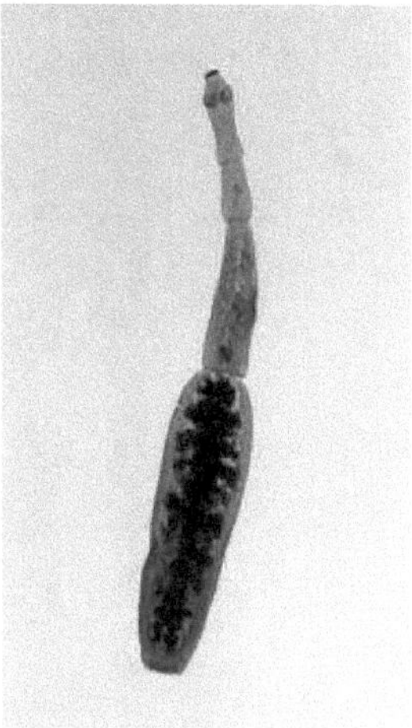

Fig. 48 Echinococcus granulosus adulto

Hospedeiros de E. multilocularis

- **Hospedeiros finais**: raposa vermelha e vermelha, lobo, guaxinim, chacal, coiote, cão, gato.
- **Hospedeiros intermediários**: roedores (principalmente ratazanas), seres humanos, macacos,

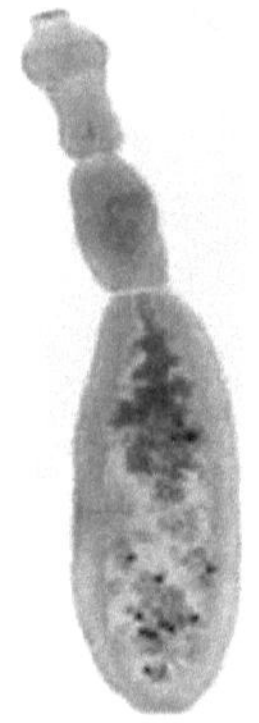

Fig. 49 Echinococcus multilocularis adulto.

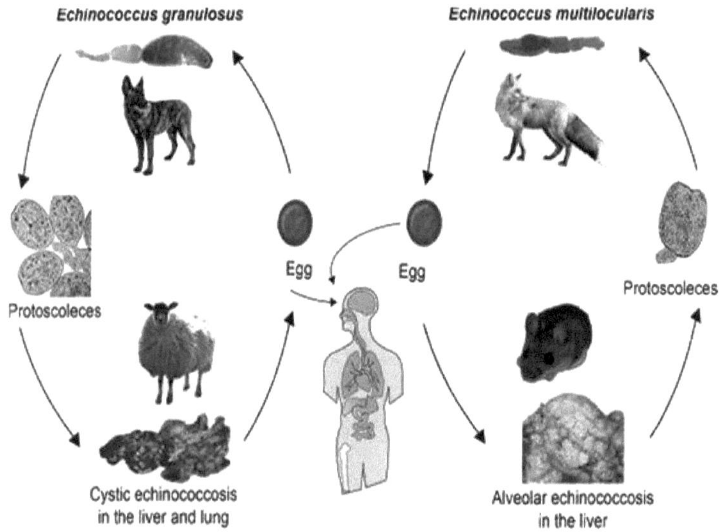

Fig50 Ciclo de vida do *Echinococcus*

Material para diagnóstico : feaces

Estádio de diagnóstico: Os ovos são esféricos, medindo 30-45 g de diâmetro,

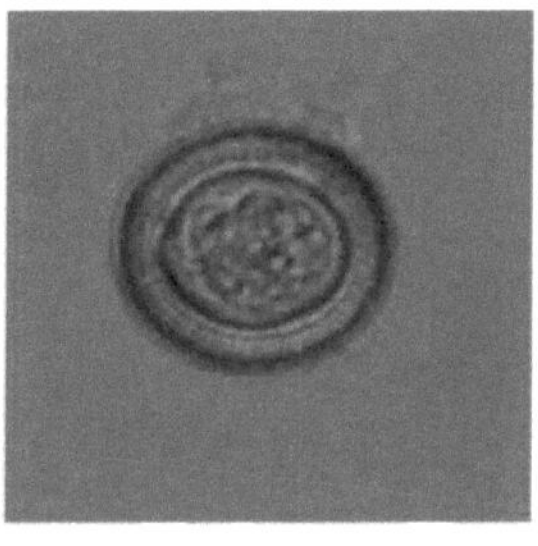

Fig. 50 Ovo de Echinococcus

Diphyllobothrium latum

Doença : Difilobotriose
Hospedeiros : Tigre, raposa, hiena
Local :- Intestino delgado
Ciclo de vida:-

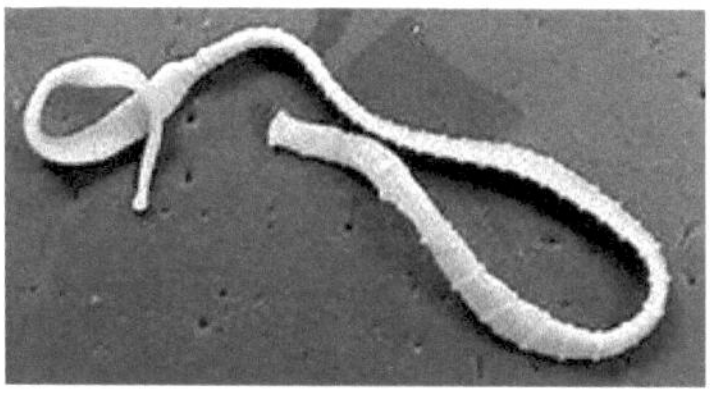

Fig. 51 Verme adulto

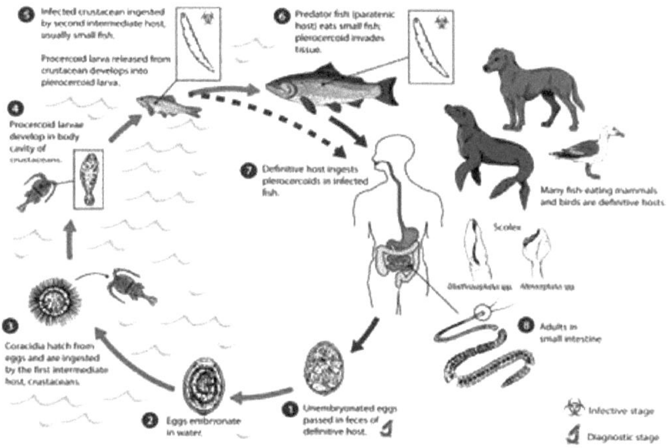

Fig. 52 Ciclo de vida de Diphyllobothrid

Material para diagnóstico: Fezes
Fase de diagnóstico: Ovo

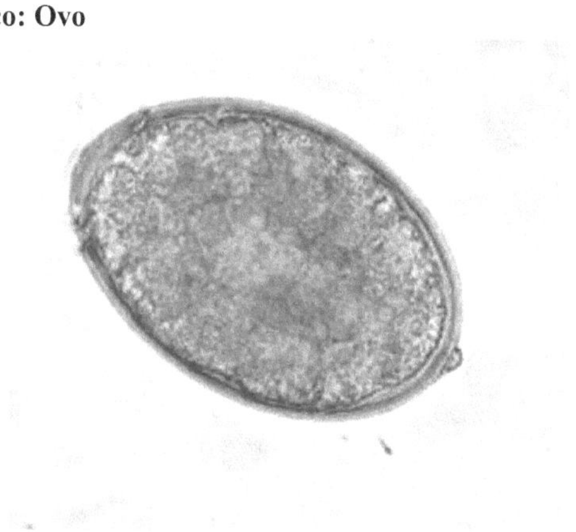

Fig. **53** Ovo de Diphyllobothriod CDC

Spirometra sp.
Doença: *Espirometriose*
Agente causador: *Spirometra felis*
Hospedeiros afectados: Gato Junkel, Tigre, Lombo, Nublado e Leopardo
Local: *Intestino delgado*
Ciclo de vida:-

Fig. 53 Ciclo de vida da *Spirometra felis*

Material para diagnóstico: Fezes
Fase de diagnóstico: Ovo

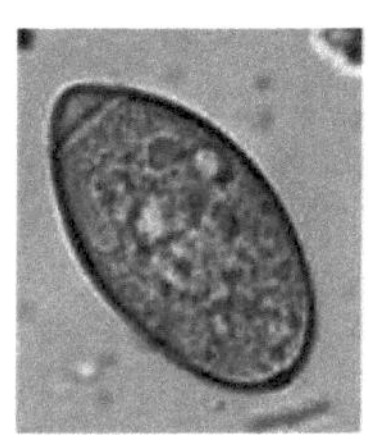

Fig. 54 Ovo de *Spirometra*

NEMATODES

1. Toxocara sp.
Doença: Toxocarose
Agente causticante :
T. canis T. cati e T. leonina
Hospedagem : Cães, gatos, raposa, lobo e lombo
Local :- Intestino delgado

Fig. 55 Verme adulto de *Toxocara*

Ciclo de vida:-

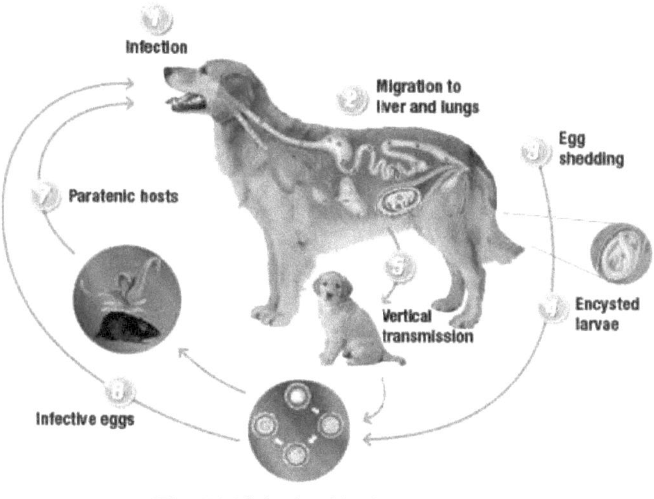

Fig. 56 Ciclo de vida dos Ascarídeos

Material para diagnóstico: fezes

Fase de diagnóstico: Ovo

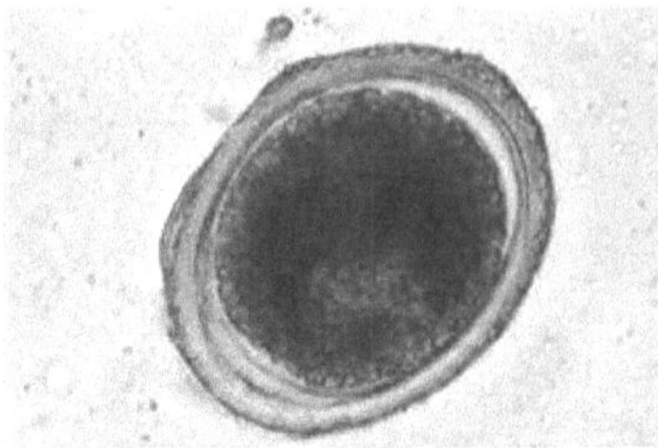

FIG.57 Ovo de *Toxocara canis*, não embrionado, de forma esférica, com o centro profundamente pigmentado e a casca exterior rugosa e com buracos.

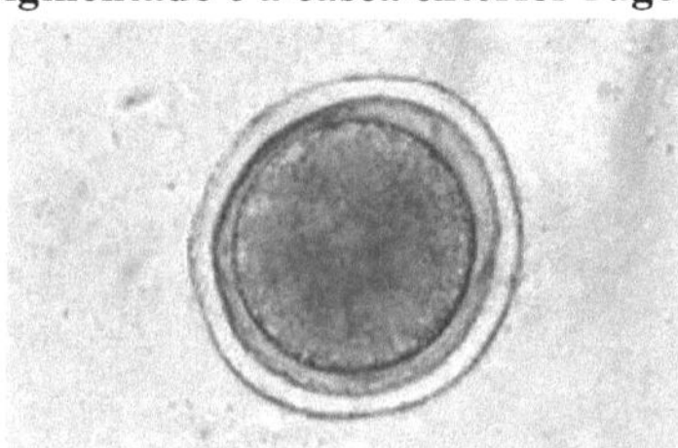

FIG.58 O ovo caraterístico de *Toxocara cati* tem uma estrutura semelhante à de *T. canis*, mas é mais pequeno em diâmetro.

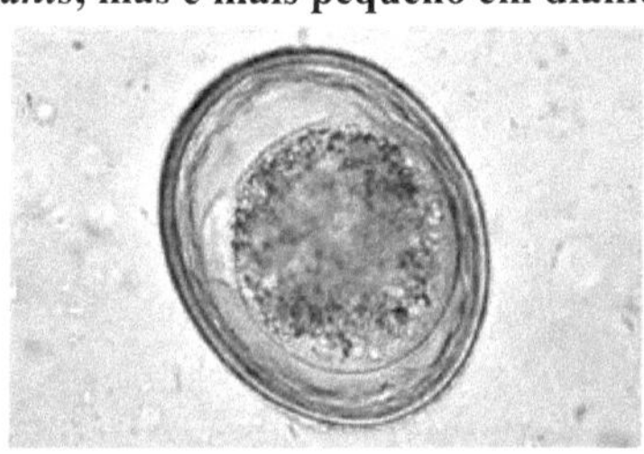

FIG.59 Os ovos de *Toxascaris leonina* são esféricos a ovóides, com dimensões de 75 ' 85 µmAnclyostoma *sp*

Doença: Ancilostomose

Agente causal: *Ancylostoma caninum, A. tubaeforme, A. braziliense, A. ceylanicum* e *Uncinaria stenocephala*

Hospedeiros afectados : Cães e outros canídeos selvagens como a raposa, o lobo e os gatos selvagens

Local : Intestino delgado

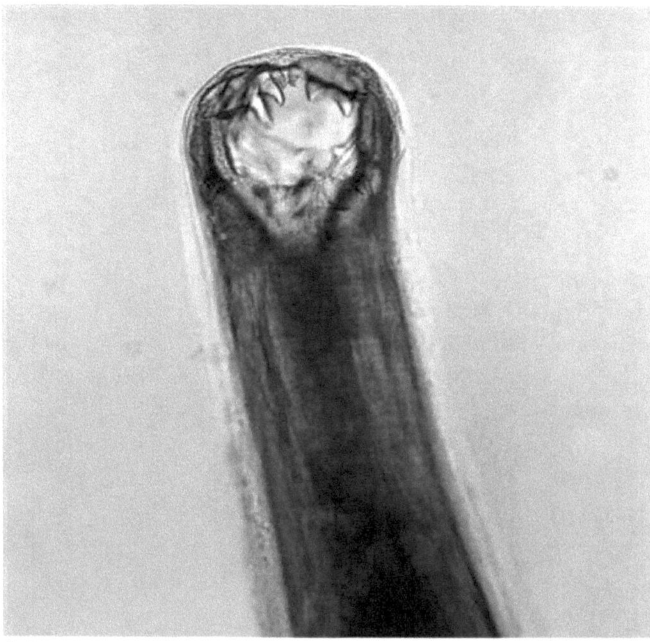

FIG . 60 Ancylostoma

Ciclo de vida:-

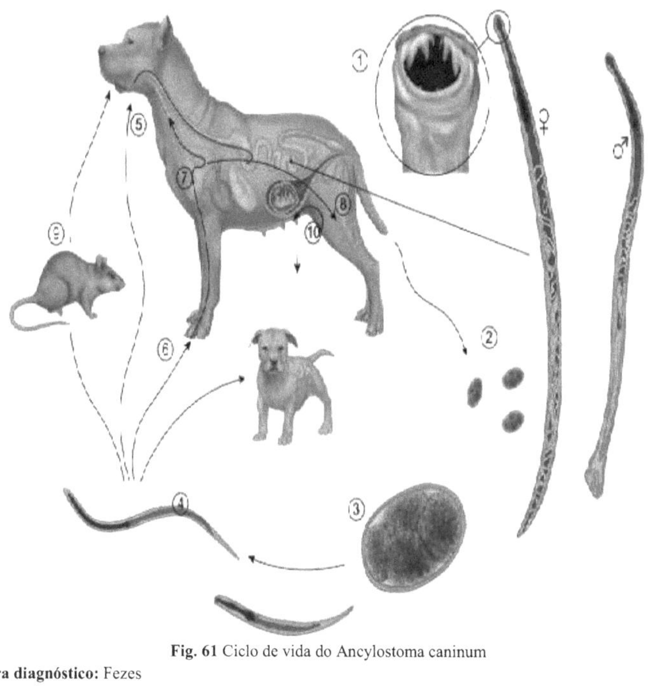

Fig. 61 Ciclo de vida do Ancylostoma caninum

Material para diagnóstico: Fezes

Fase de diagnóstico: Ovo

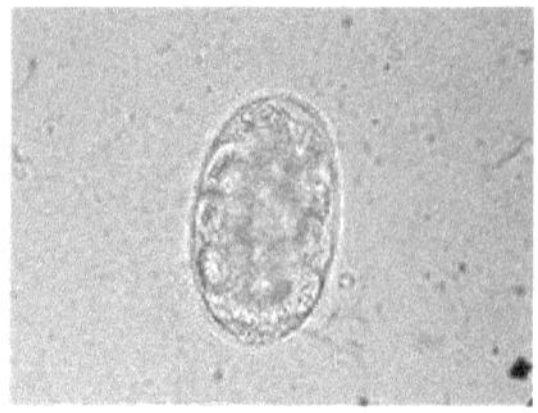

FIG.62 Ovos de *Anclyostoma sp*

2. *Spirocerca lupi*

Doença: Espirocercose

Agente causticante: - *Spirocerca lupi*

Hospedeiros afectados:-As raposas **selvagens**, os lobos e os cães domésticos podem ser infestados com *S. lupi.*

Sítio:-oesophegasus

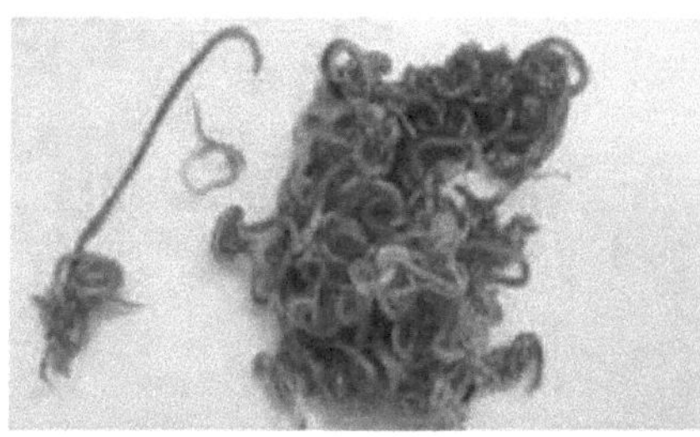

Fig. 63 Verme adulto

Ciclo de vida:-

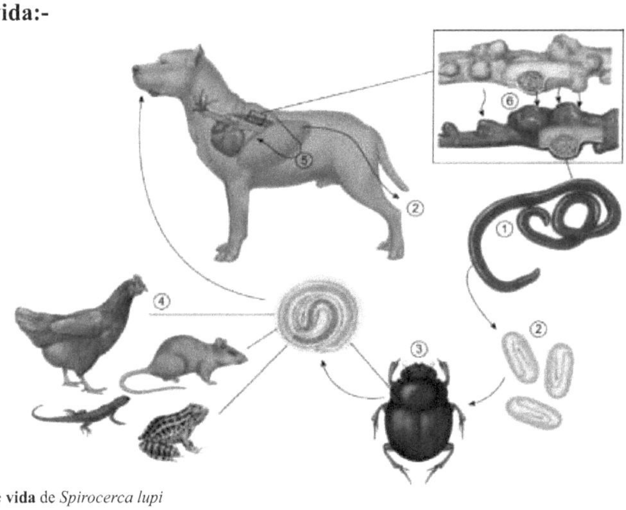

Fig.64 Ciclo de **vida** de *Spirocerca lupi*

Material para diagnóstico: Fezes

Fase de diagnóstico :

Os ovos de *S. lupi* medem 40 . 10-15 gm. que contêm larvas.

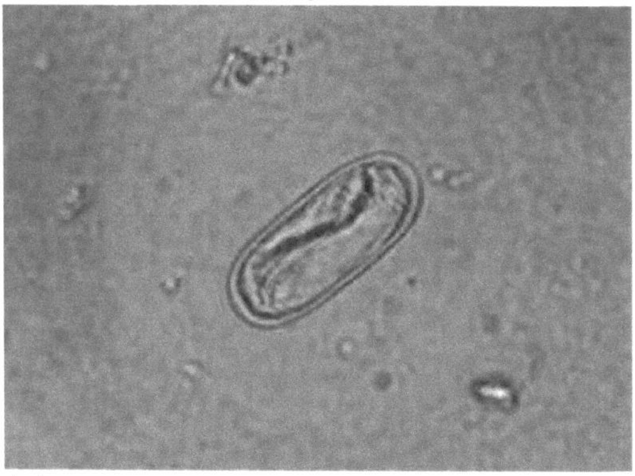

Fig.65 Ovo de Spirocerca lupi.

3. Baylisascaris procyonis

Doença: *Baylisascarisis*

Agente causticante: *Baylisascaris procyonis*

Nome comum: Lombriga do guaxinim

Hospedeiro: Guaxinim, mas também observado em muitas espécies

Local: Intestino delgado

Fig.66 Baylisascaris procyonis adulto

Ciclo de vida:-

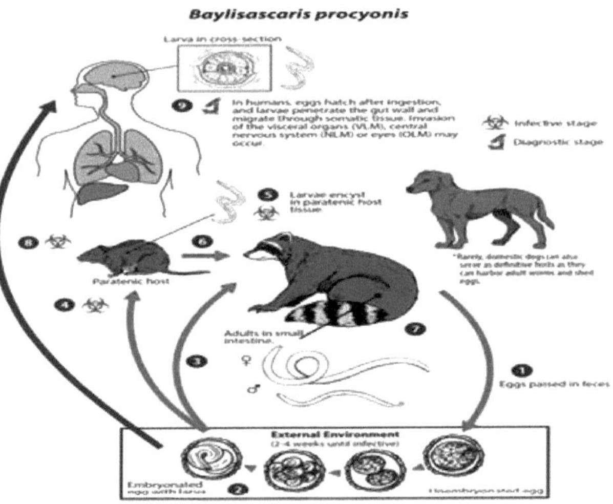

Fig.67 Ciclo de vida de Baylisascaris procyonis.

Material para diagnóstico: Fezes

Fase de diagnóstico: Ovo

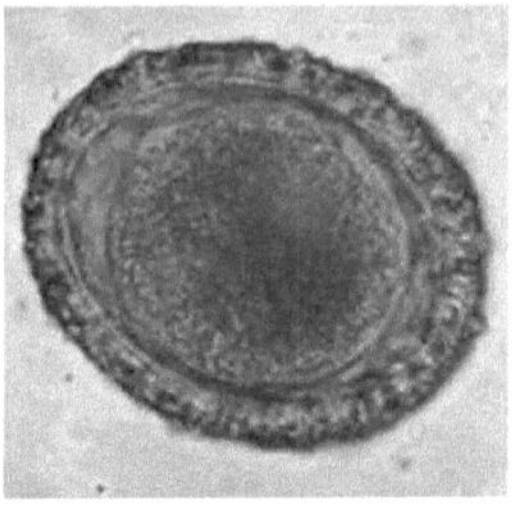

FIG. 68 Ovo de Baylisascaris procyonis 5. Gnathostoma spinigerum

Doença: *Gnathostomaisis*

Agente causticante: *Gnathostoma spinigerum*

Hospedeiros: Vison, gato-do-mato e vários carinvoros selvagens

Local:-Parede do estômago dentro de um quisto

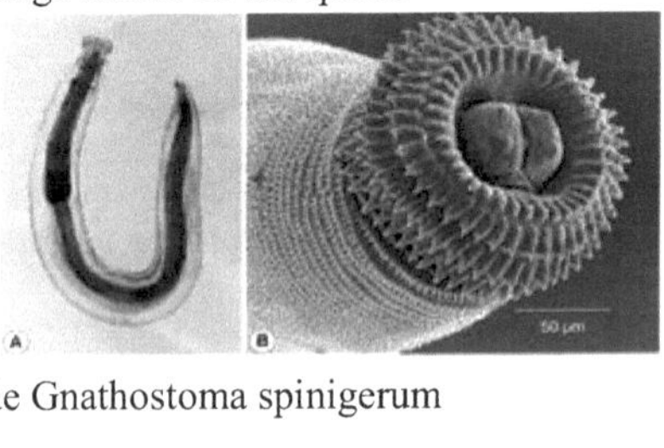

Fig. 69 Verme adulto de Gnathostoma spinigerum

Ciclo de vida:-

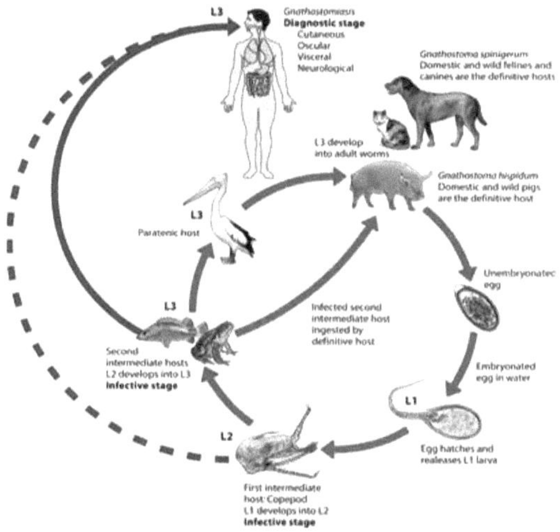

Fig.70 Ciclo de vida de Gnathostoma spinigerum

Material para diagnóstico: Fezes

Estádio de diagnóstico: Ovo de forma oval, com uma capa fina numa das extremidades.

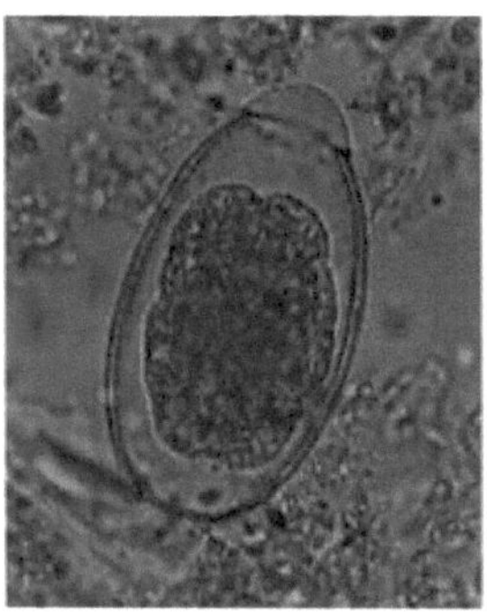

Fig. 71 Ovo de Gnathostoma sp.

4. Physaloptera praeputialis

Doença: *Fisalopterasia.*

Agente causticante: *Physaloptera praeputialis*

Anfitrião: Felídeos **selvagens**

Local: Estômago

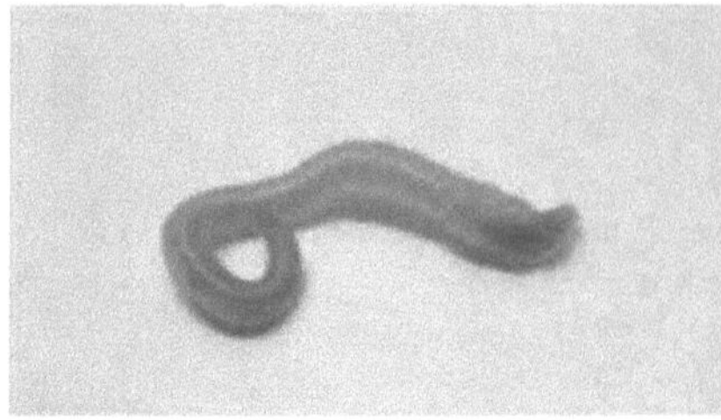

Fig.73 Verme adulto de Physaloptera praeputialis

Ciclo de vida:-

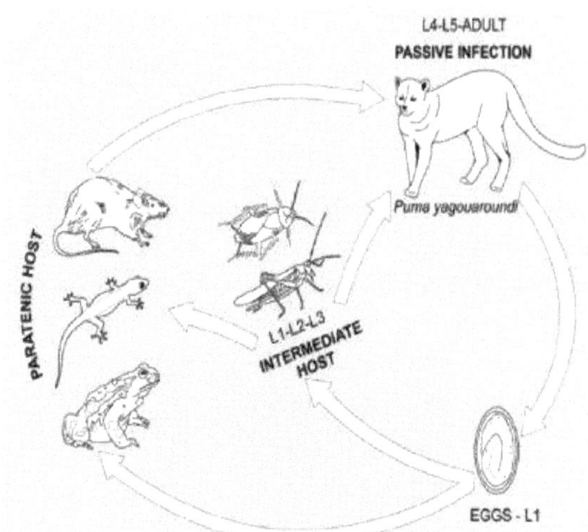

Fig. 74 Ciclo de vida de Physaloptera sp.

Material para diagnóstico: Fezes

Fase de diagnóstico : Medida do ovo 42-53 por 2
9-35 mícrons, têm uma casca mais espessa do que um ovo de ancilóstomo e contêm uma larva de primeiro estágio totalmente desenvolvida quando passada.

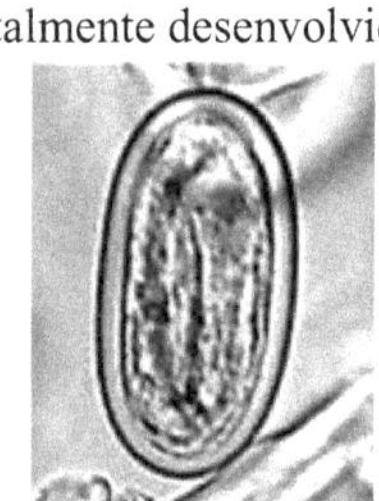

Fig. 75 Ovo de Physaloptera sp.

5. *Dirofilaria immitis*

Doença: *Dirofilariose*

Agente causador: *Dirofilaria immitis*

Nome comum: Verme do coração
Hospedeiros: Raposa canina, lobo, felino e furão. Foi observado em humanos como um parasita acidental.
Local: Ventrículo direito e artérias pulmonares e seus ramos finos

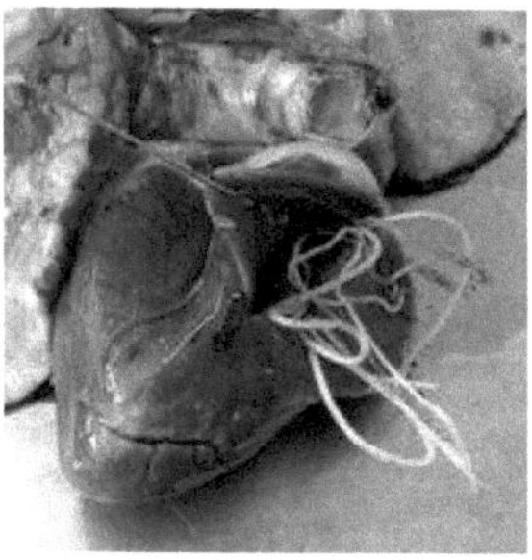

Fig.76 Adultos de Dirofilaria immitis

Ciclo de vida :-

Fig.77 Ciclo de vida de *Dirofilaria immitis*

Material para diagnóstico: Sangue
Fase de diagnóstico: microfilárias

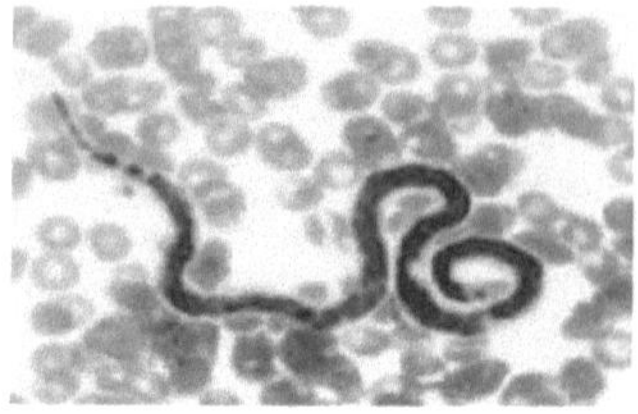

Fig. 78 microfilárias

6. Trichurissp,

Doença*: **Triquíase***

Nome comum: Verme do chicote

Agente causal : *Trichuris vulpis*, *Trichuris campanula* e *Trichuris serrata*

Hospedeiros: Raposa *T.vulpis* (canina), *T. campanula* e *T. serrata* (felina)

Local : Ceco e cólon

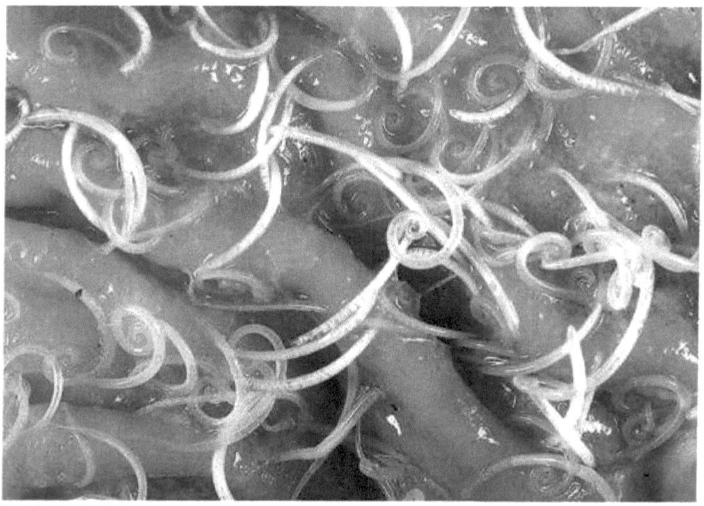

Fig . 79 Trichuris vulpis adulto

Ciclo de vida :-

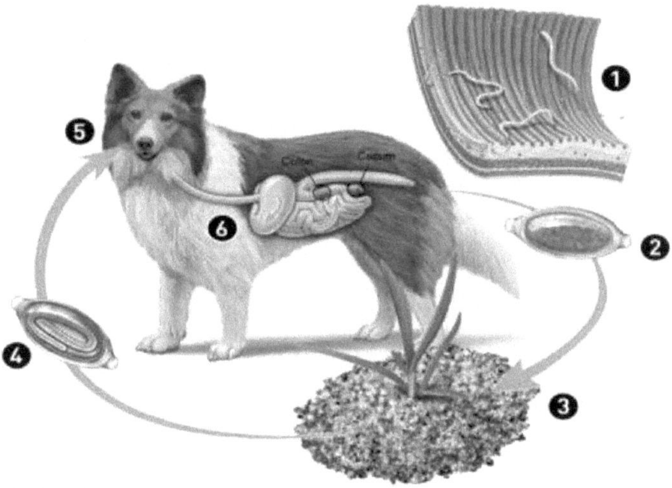

Fig. 80 Ciclo de vida de *Trichuris vulpis*

Material para diagnóstico : Estrume

Estádio de diagnóstico: Os ovos de *T. vulpis* têm 70 a 89 mm ' *37* a 40 mm mostra o ovo caraterístico de *T. vulpis*). O período pré-patente de *T. vulpis* é de 70 a 90 dias.

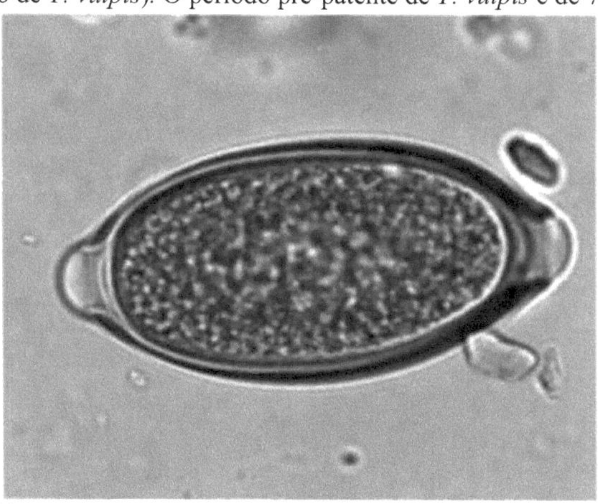

***Fig.*81** Ovos de *T. vulpis*

7. ***Filaroide sp,***

Doença*: Filaroidose*

Agente causal: *Filaroides osleri*, *Filaroides hirthi* e *Filaroides milksi*

Nome comum: Verme pulmonar canino

Anfitriões: Canino, Cão, Raposa e lobo

Local: Traqueia, parênquima pulmonar e bronquíolos, respetivamente

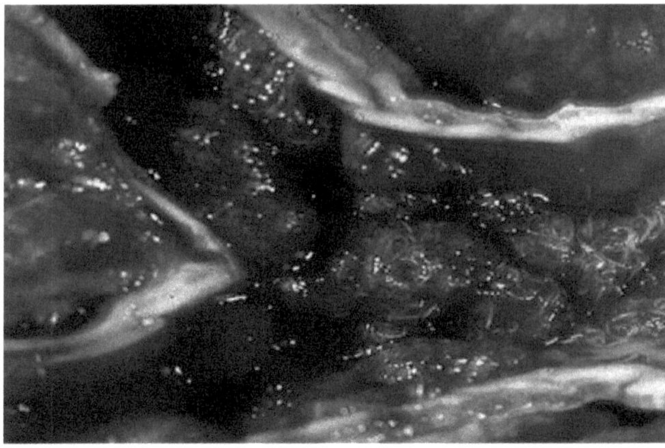

Fig. 82 Verme adulto

Ciclo de vida

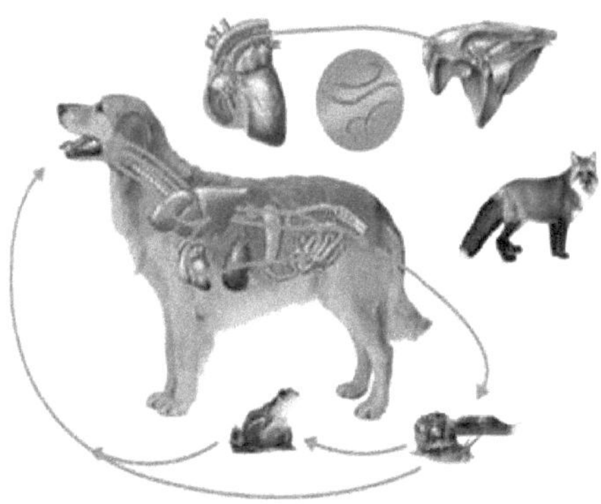

Fig.83 Ciclo de vida de *Filaroides sp.*

Material para diagnóstico: estrume e expetoração **Fase de diagnóstico:** larva

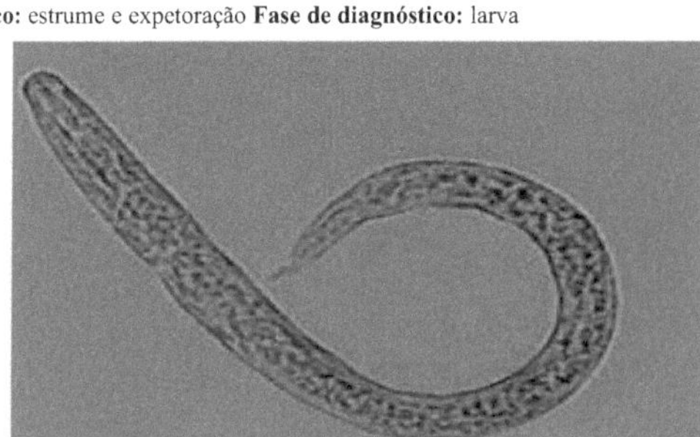

fIg.84 Filaroides *sp.* Larva

8. *Dioctophyma renale*

Doença: *Dioctofitose*

Nome comum: Verme gigante do rim canino

Agente causticante: *Dioctophyma renale*

O verme gigante do rim dos cães é o maior dos nemátodos parasitas que afectam os animais domésticos.

Hospedeiro afetado: Canino

Local ou Habitat: Rim direito

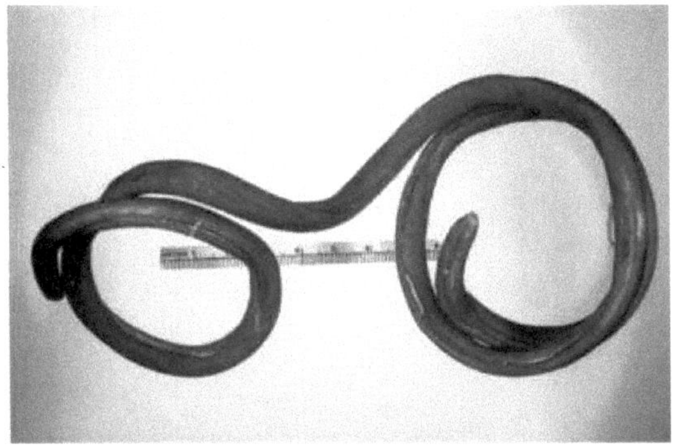

FIGURA .85 Dioctophyma renale,
Dioctophyme renale

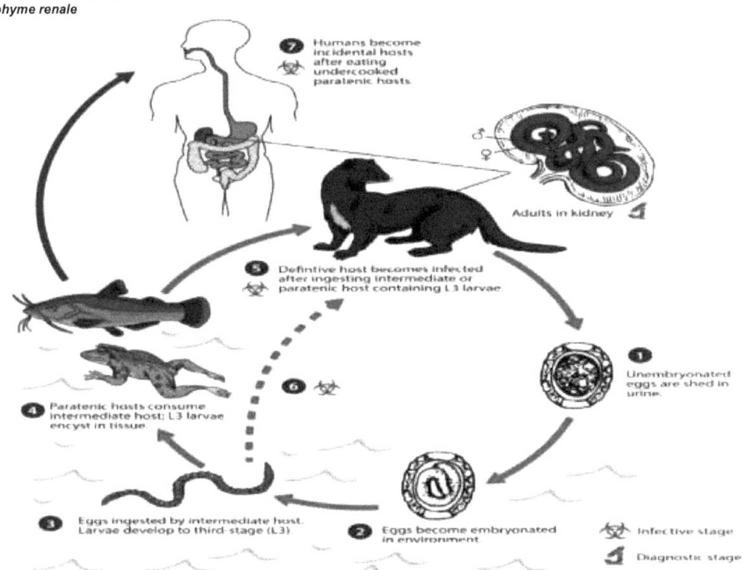

FIGURA.86 Ciclo de vida de *Dioctophyma renale*

Material para diagnóstico: urina do canino

Fase de diagnóstico: Ovos com a sua forma caraterística de barril, bipolares, de cor castanha-amarelada. A casca tem um aspeto esburacado

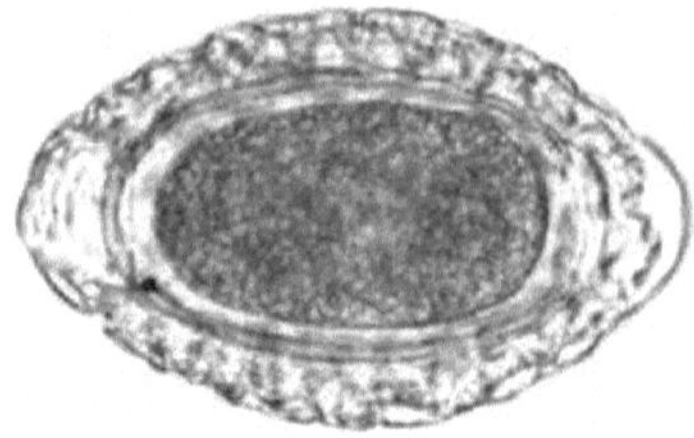

FIGURA .87 Ovo de *Dioctophyma renale*

9. *Trichinella spiralis*

Doença: *Triquinose ou* Triquinose

Agente causador: *Trichinella spiralis*

Hospedeiros: Porcos selvagens, lobos, ratos selvagens, pera selvagem e humanos

Local: Verme adulto no intestino delgado e forma cística no músculo

Morfologia:-

Os machos de *T. spiralis* medem entre 1,4 e 1,6 mm de comprimento e são mais achatados anteriormente do que posteriormente As fêmeas de *T. spiralis* têm cerca do dobro do tamanho dos machos .

Ciclo de vida

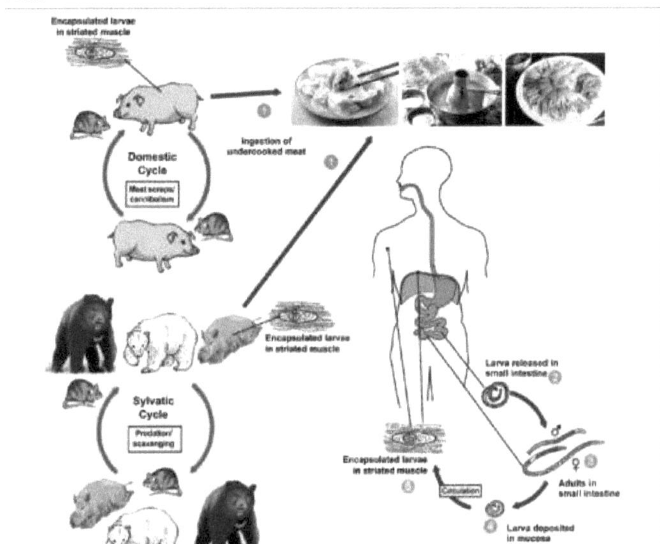

Imagem da Biblioteca de Imagens dos Centros de Controlo e Prevenção de Doenças.

1. Os animais que são alimentados (por exemplo, porcos) ou comem (por exemplo, ursos, raposas, javalis) outros animais adquirem triquinose através da ingestão de carne contendo quistos (larvas encistadas) de espécies de *Trichinella.* Os seres humanos podem ser acidentalmente infectados quando ingerem carne crua, mal cozinhada ou mal processada de animais infectados.
2. Após exposição ao ácido gástrico e à pepsina, as larvas são libertadas dos quistos

no intestino delgado e penetram na mucosa.

3. Aí, transformam-se em vermes adultos.

4. Após uma semana, as fêmeas libertam larvas que migram para os músculos estriados onde encistam. O ciclo só continua se as larvas encistadas forem ingeridas por outro carnívoro.

Material para diagnóstico: A biopsia muscular pode ser utilizada para a deteção da triquinose. Estão também disponíveis vários testes de imunodiagnóstico.

Fase de diagnóstico: Larva encistada

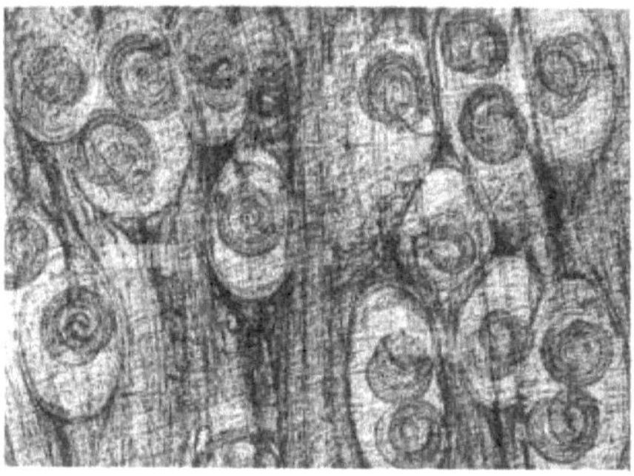

PARTE III

PROTOZOÁRIOS E ECTOPARASITAS DE CARNÍVOROS SELVAGENS

CARNÍVOROS SELVAGENS

1. ***Raposa de Blanford***
2. ***Hiena, mangusto do Egito***
3. ***Hyrax das rochas ou do cabo***
4. *Aardvark, javali*
5. *Aardvark,* ***Aardwolf***
6. ***Lobo dourado africano***
7. ***Caracal Sal3wa***
8. ***Chita***
9. *Gato-palheiro listrado do Saara*
10. ***Raposa vermelha do Egito,***
11. ***Raposa de Fennec Raposa de Blanford,***
12. ***Hiena.***

PROTOZOA

1. ***Cryptosporidium parvum***
2. ***Toxoplasma gondii***
3. ***Neosporose***
4. ***Isospora felis***
5. ***Giardia duodenalis***
6. ***Leishmaniose***
7. ***Trypanosoma evansi e T. cruzi***
8. ***Babesia***
9. ***Hepatozoon canis***

1. *Cryptosporidium parvum*

Doença: Criptosporidiose

Agente causador: *Cryptosporidium parvum*

Hospedeiros: espécies de mamíferos, incluindo cães, gatos selvagens, raposas e lobos

Local: - Partes distais das microvilosidades no intestino delgado, principalmente

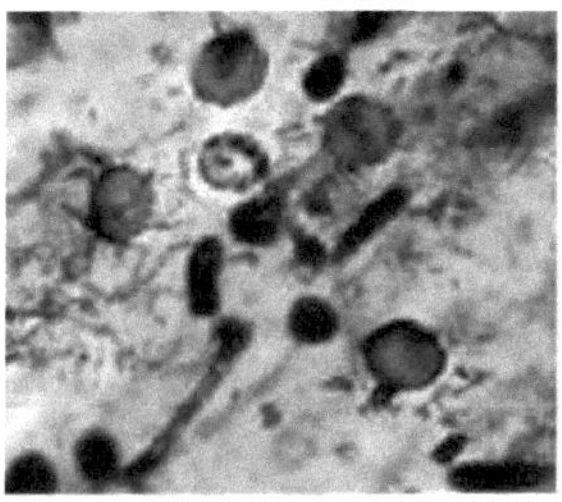

Fig. 88 Oocistos *de Cryptosporidium* (em vermelho) (coloração de Ziehl-Neelsen)

Ciclo de vida:-

Soorozoíto

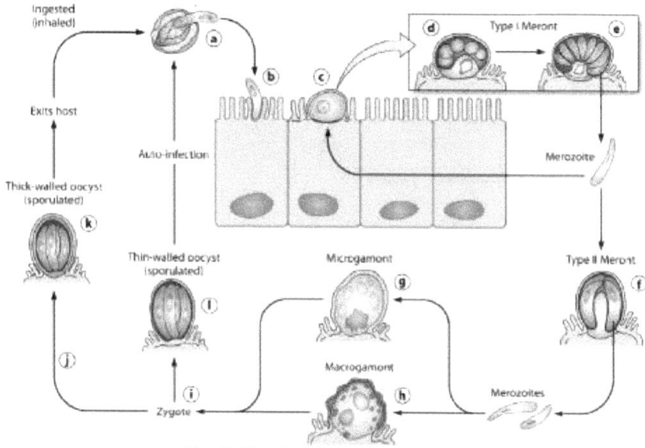

Fig. 89 Ciclo de vida do *Cryptosporidium*

Material para diagnóstico: Fezes
Fase de diagnóstico : Oocisto
O oocisto é de 5 x 4 gm e contém um resíduo de oocisto muito visível e quatro esporozoítos vermiformes

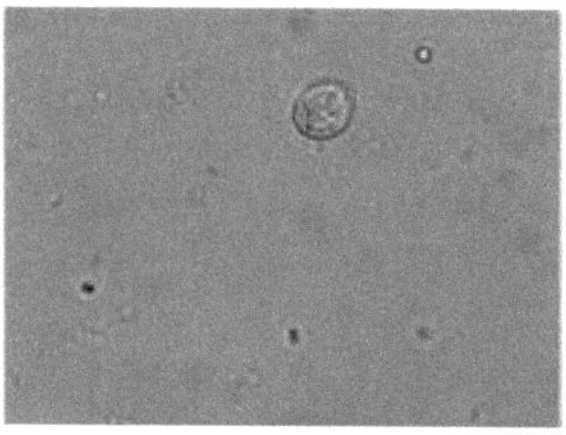

Fig. 90 Oocisto de Cryptosporidium

2. *Toxoplasma gondii*

Doença: *Toxoplasmose*
Agente causador*:* *Toxoplasmagondii*
Hospedeiros afectados: felídeos selvagens
Local ou habitat: Intestino delgado
Ciclo de vida:

Ciclo de vida do *Toxoplasma gondii*

Toxoplasma gondii life cycle

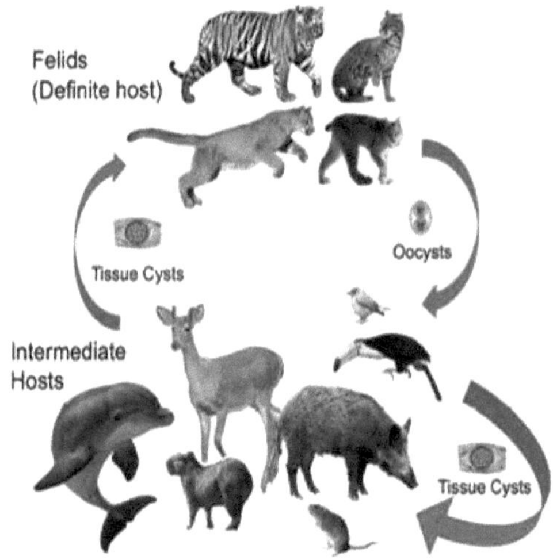

Fig. 104 Ciclo de vida do *Toxoplasma gondii*

Material para diagnóstico: Fezes do hospedeiro final **Fase de diagnóstico:** Oocisto

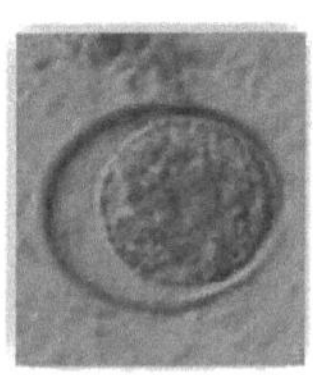

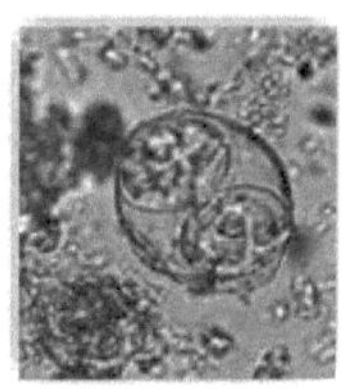

Fig.105 Oocisto não esporulado **Fig.106** Oocisto esporulado

*3. **Neospora caninum***

Doença: Neosporose

Agente causador: *Neospora caninum*

Hospedeiros: *O N.caninum* é registado em cães, bovinos (onde é considerado responsável por um grande número de abortos), ovinos, caprinos, cervídeos e cavalos.

Local: Foram efectuadas infecções experimentais por via subcutânea, intramuscular, intraperitoneal e intravenosa em roedores (ratazanas, ratos, gerbos), coelhos, gatos e macacos rhesus.

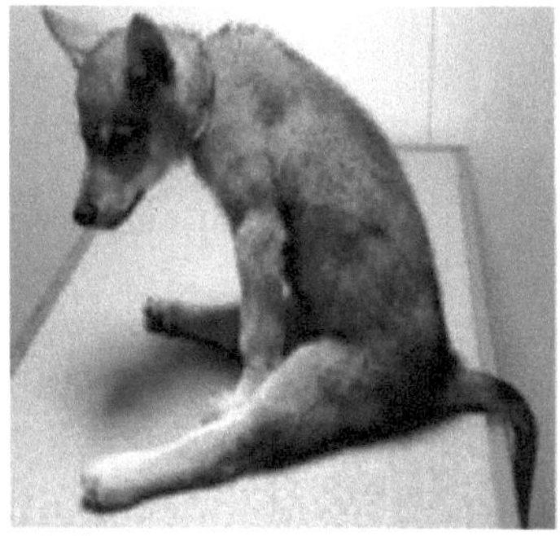

Fig. 110 a posição típica de "selo" num cão jovem com neosporose

Ciclo de vida:-

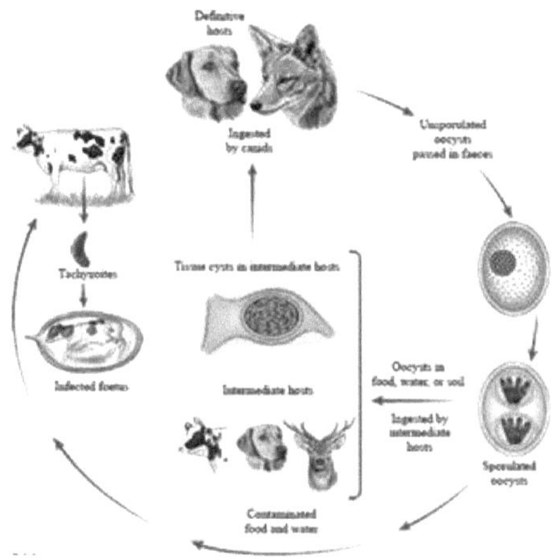

Fig. 111 Ciclo de vida de *Neospora camnum*

Material para diagnóstico: Líquido de lavagem broncoalveolar, líquido cefalorraquidiano

Fase de diagnóstico: O diagnóstico deve ser confirmado pela identificação do parasita no líquido de lavagem broncoalveolar, no líquido cefalorraquidiano ou em qualquer amostra de biopsia: ou haverá formas taquizoíticas pouco detectáveis, ou quistos com bradizoítos de parede espessa (4 gm) indicando *Neospora.*

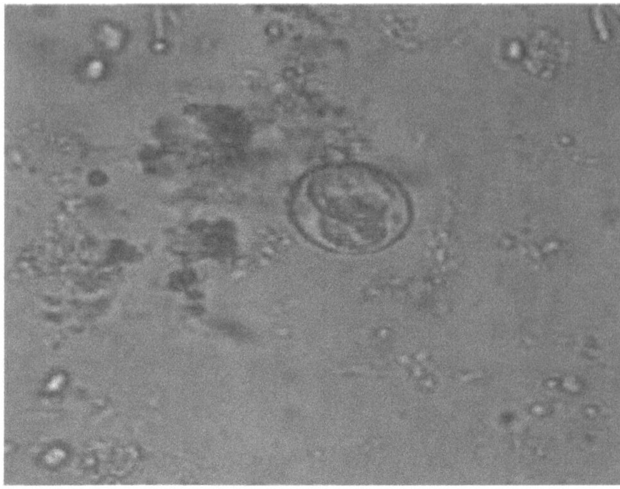

Fig. 112 Oocisto esporulado

4. Isospora felis

Agente causador: *Isospora felis*

Hospedeiros afectados: Cães e gatos

Sítio ou habitat:

Ciclo de vida:-

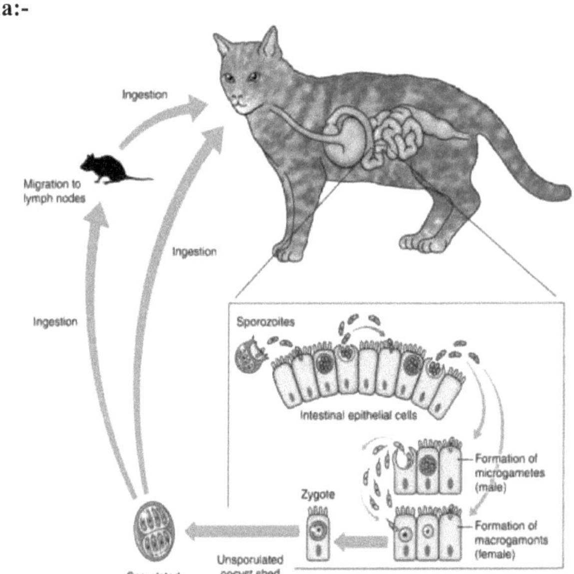

Fig. 102 Ciclo de vida de *Isospora* spp.

As espécies hospedeiras (neste caso, os gatos) podem ser infectadas pela ingestão de oocistos esporulados ou pela ingestão de presas que tenham organismos encistados nos seus gânglios linfáticos mesentéricos. Os oocistos libertados nas fezes podem esporular em apenas 12 horas em condições ambientais óptimas.

Material para diagnóstico: Fezes

Fase de diagnóstico: Oocisto

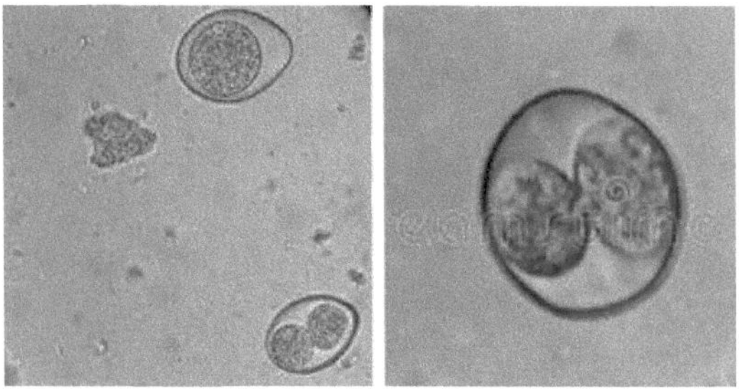

Fig. 103 Oocisto *de Isospora*

5. *Giardia duodenalis*

Doenças: *Giardiose*

Agente causador: ***G. duodenalis*** (syn. *G. intestinalis*) em numerosos mamíferos, incluindo o homem).

Local ou Habitat: intestino delgado , dois terços do intestino delgado (duodeno, jejuno e íleo anterior).

Hospedeiro afetado: Em cães , gatos, raposas e lobos

Ciclo de vida:-

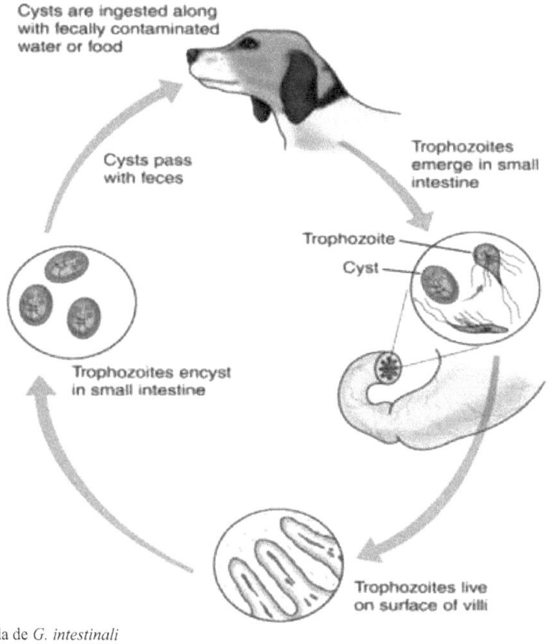

Fig. 104 Ciclo de vida de *G. intestinali*

Material para diagnóstico: Fezes

A Giardia (anteriormente *Lamblia*) infecta os anfíbios (*G. agilis*),

Fase de diagnóstico: Cisto

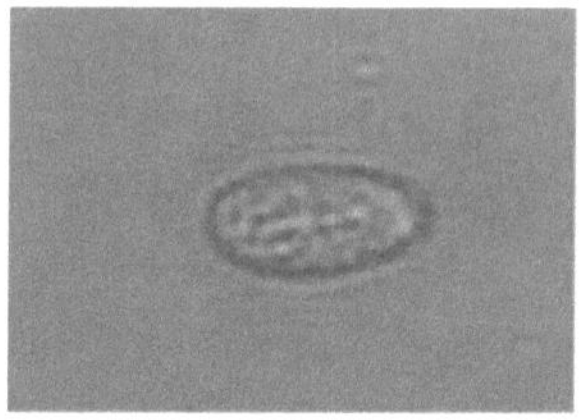

Fig. 105 Cisto de Giardia

Doença: Leishmaniose

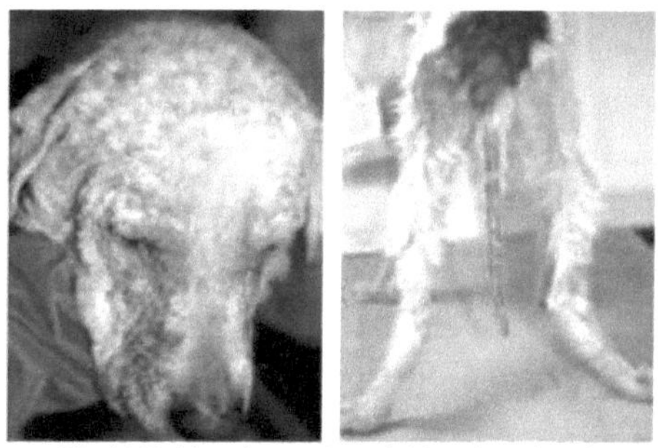

Fig. 106 Leishmaniose cutânea e leishmaniose visceral

Agente causador*: A Leishmania infantum* era anteriormente designada *por L. canis*, uma vez que

Infecta canídeos domésticos e selvagens (raposas

Hospedeiros afectados: canídeos domésticos e selvagens (raposas).

Local ou habitat: fagócito mononuclear

Ciclo de vida:-

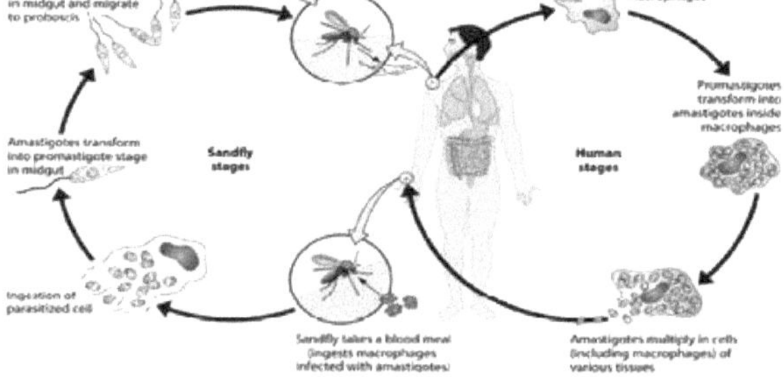

Fig. 107 Ciclo de vida de *Leishmania sp*

Material para diagnóstico: Pele e sangue

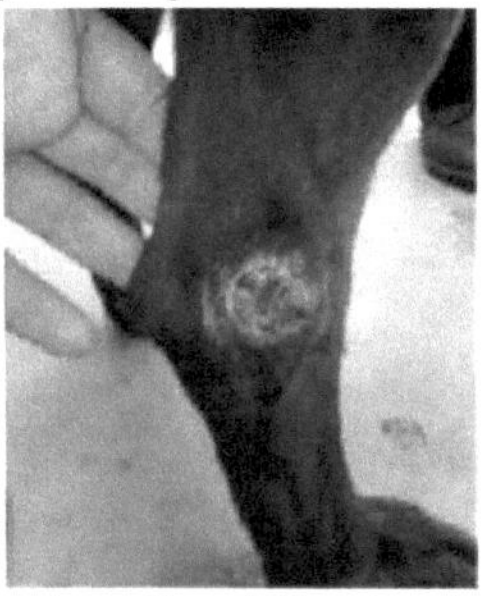

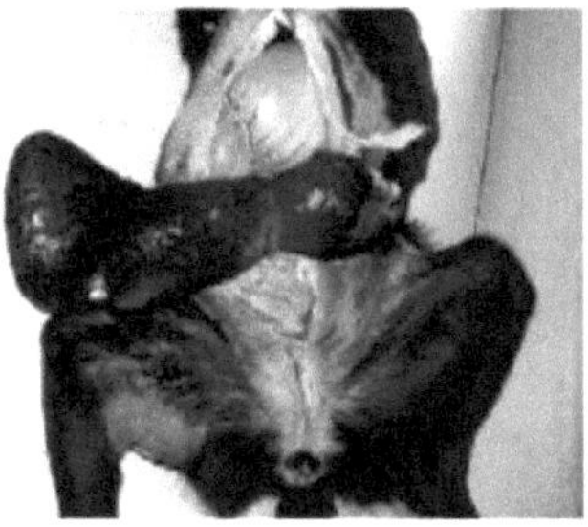

Fig. 108 Leishmaniose cutânea e leishmaniose visceral

Fase de diagnóstico: Amastigotas

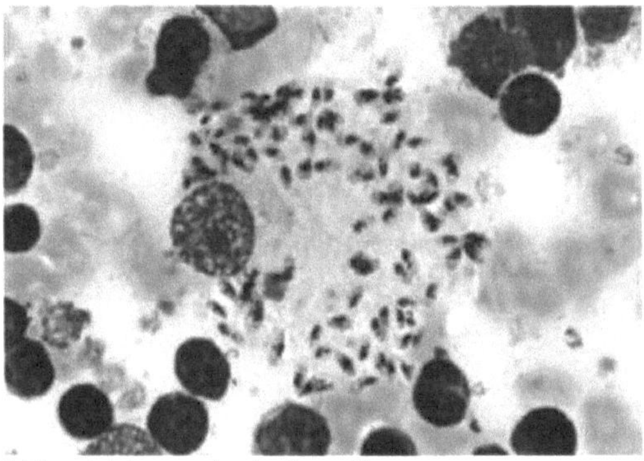

Fig. 109 Amastigotas *de Leishmania infantum* no interior de macrófagos

7. Doença : Tripanossomíase

Agente causador: *Trypanosoma evansi e T. cruzi*

Hospedeiros afectados: Cães, seres humanos e mais de 150 outras espécies de mamíferos domésticos ou selvagens

Local ou habitat: Sangue

Ciclo de vida:-

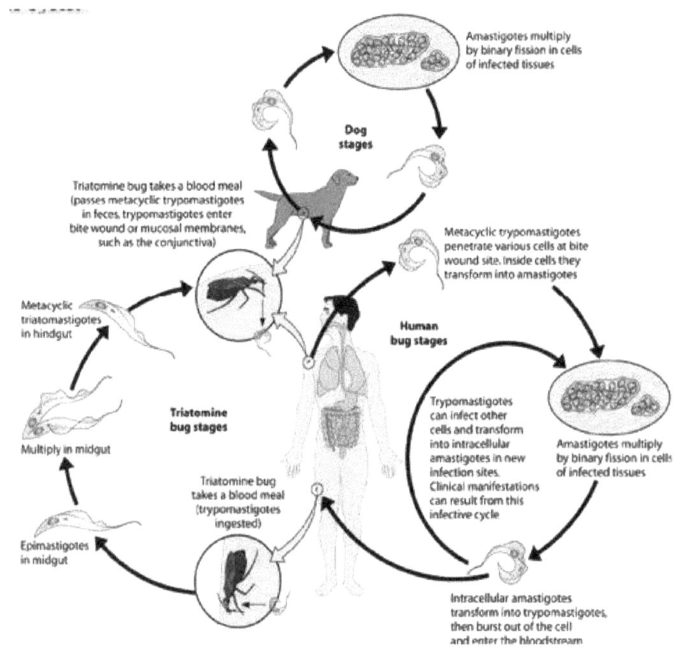

Fig. 110 Ciclo de vida de *Trypanosoma sp.*

Material para diagnóstico: Sangue **Fase de diagnóstico:**

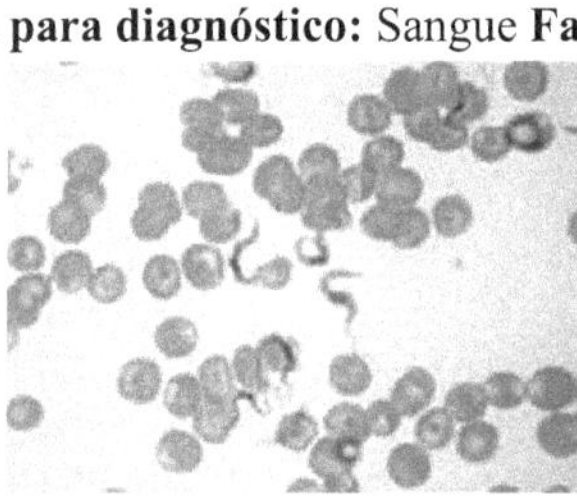 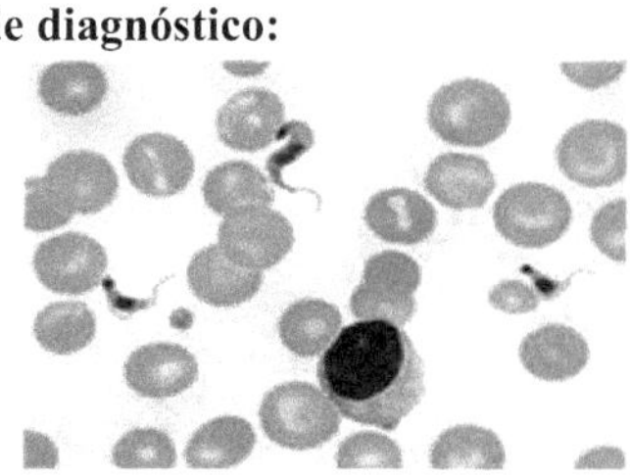

Fig. 111 T. evansi **Fig. 112** T. cruzi

8. Babesiose

Doença*:* Agente causador*:* (*B. canis*), *Babesia* vulpes, *Babesia rossi* e *Babesia vogeli*

Hospedeiros afectados: cão, raposa **Local ou habitat:** Sangue **Ciclo de vida:-**

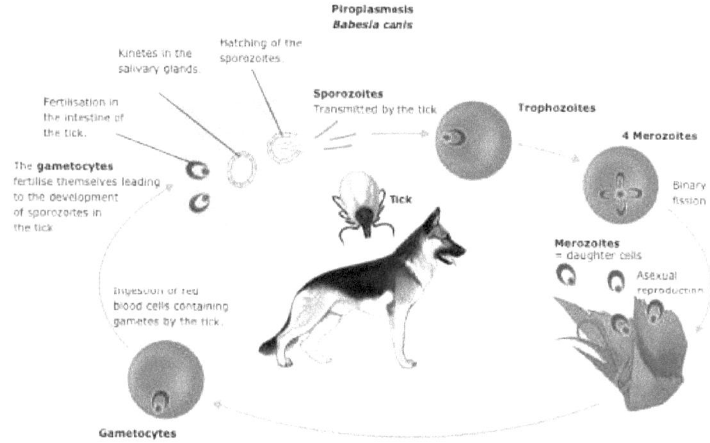

Fig. 113 Ciclo de **vida** de *Babesia sp.*

Material para diagnóstico: Sangue

Fase de diagnóstico:

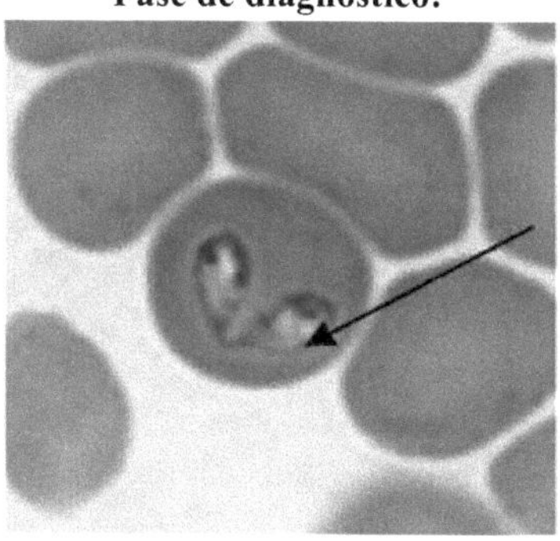

Fig. 114 Dois organismos *de Babesia canis* em forma de pera num eritrócito. (Duh et al., 2004)

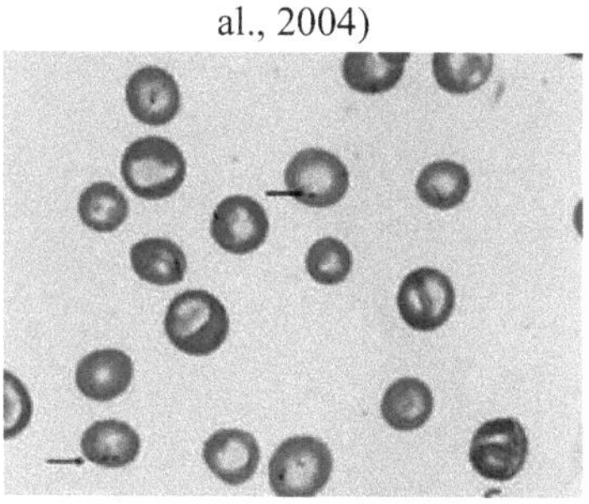

Fig. 115 *Babesia gibsoni* em eritrócitos num esfregaço de sangue corado com a técnica de Wright modificada. (Trotta et al., 2009)

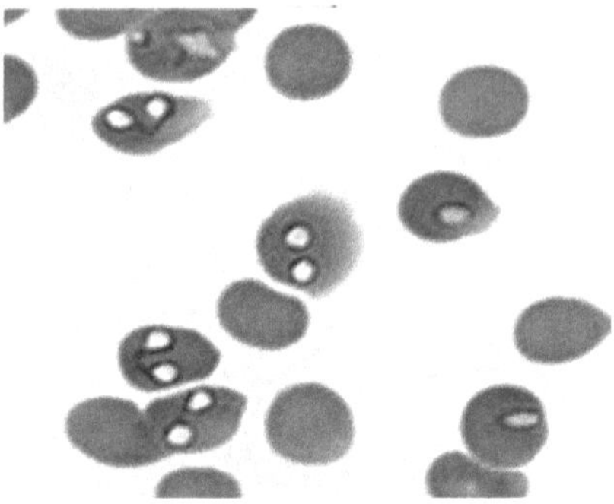

Fig. 116 Babesia vogeli

9. Hepatozoon canis

Doença: Hepatozoonose*

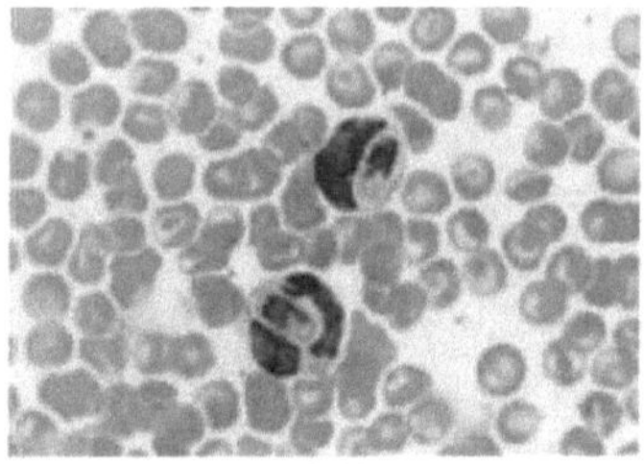

Fig. 117 Infeção de duas células polinucleares por gamontes de *Hepatozoon canis*.

Agente causador*:* *Hepatozoon canis*

Hospedeiros afectados: *O H. canis* é um parasita de canídeos (cães, raposas) e felídeos (gatos domésticos e selvagens).

Local ou habitat: Em várias células do hospedeiro, como as células endoteliais e as células brancas

células sanguíneas (fagócitos, monócitos e granulócitos polinucleares)

Ciclo de vida :

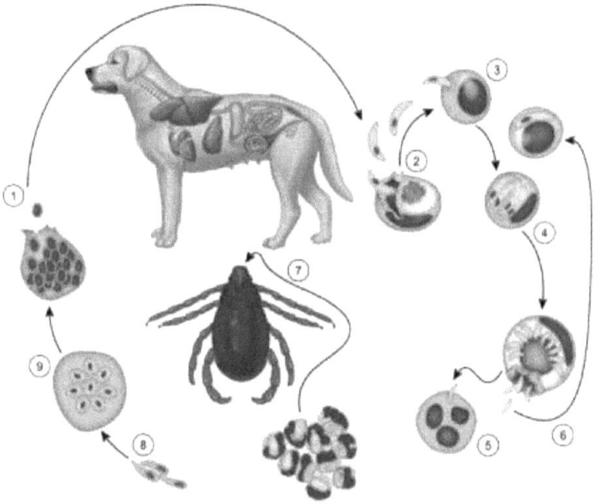

Fig. 118 Ciclo de vida **do** *Hepatozoon canis*

(1) A infeção ocorre quando o cão ingere uma carraça portadora de hepatozoários ou uma presa que tenha carraças na pele. Tanto as carraças machos como as fêmeas podem infetar o cão; (2) depois de o cão ter comido a carraça portadora de *H. canis*, os esporozoítos são libertados no trato gastrointestinal e penetram na parede intestinal; (3) infectam monócitos e macrófagos, que transferem os esporozoítos principalmente para os gânglios linfáticos, medula óssea e baço. Também podem acabar no fígado, nos rins e nos pulmões, por exemplo. O hepatozoário pode passar da cadela para os cachorros através da via transplacentária; (4) os quistos parasitários, ou merontes, desenvolvem-se nos tecidos do cão. O parasita multiplica-se assexuadamente num processo chamado merogonia (também conhecido como esquizogonia); (5) merozoítos maduros são libertados do meronte e infectam granulócitos neutrófilos e monócitos; (6) antes de infectarem os glóbulos brancos, os parasitas podem repetir o ciclo de reprodução assexuada, desenvolvendo novos merontes; (7) a carraça é infetada ao sugar o sangue de um cão infetado; (8) os glóbulos brancos em desintegração libertam gamontes masculinos e femininos no intestino da carraça. A carraça passa a ter uma fase de reprodução sexual denominada gametogonia. No final do ciclo, os gâmetas masculinos e femininos estão desenvolvidos; e (9) após a conceção, formam o óvulo fertilizado, o zigoto. Este divide-se, dando origem a oocistos na cavidade corporal da carraça. O oocisto do *H. canis* é um depósito parasitário grande e redondo que pode conter centenas de esporocistos confinados por membranas, contendo esporozoítos, que são infecciosos para o cão.

Material para diagnóstico: Sangue

Fase de diagnóstico: deteção de gamontes intracelulares em esfregaços de sangue corados com MGG

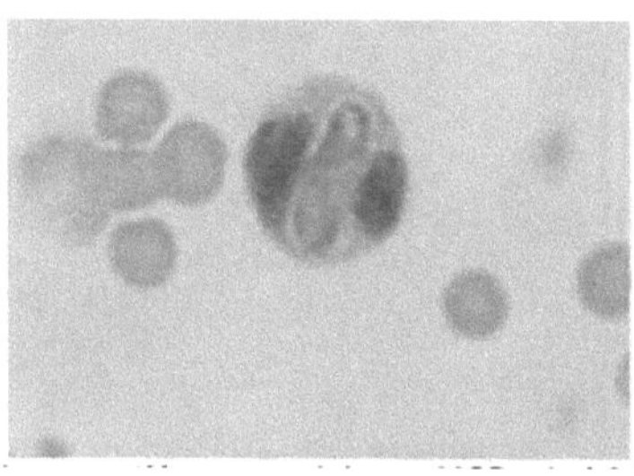

Fig. 119 Esfregaço de sangue com suspeita de hepatozoonose num gato, corado com MGG. Infeção de uma célula polinuclear
por um gamonte *de Hepatozoon canis*

10. ECTOPARASITAS (Linguatula serrate)

Fig. 120 Linguatula serrate adulto

Doença: Linguatulose
Agente causador: *Linguatula serrate*
Hospedeiros afectados: Gatos, cães, raposas **Local ou habitat:** Região nasofaríngea
Ciclo de vida:

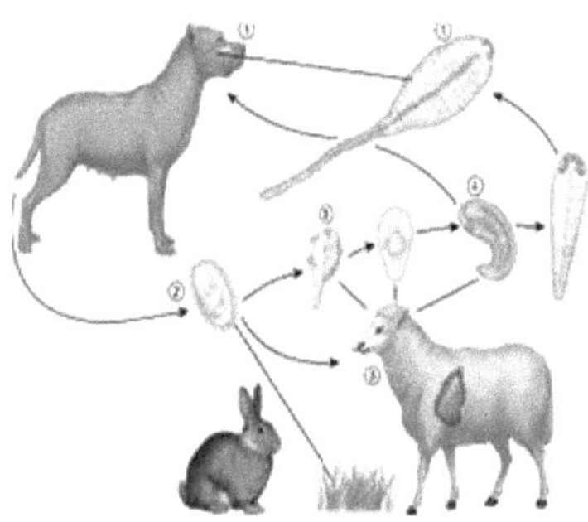

Fig 121 Ciclo de vida de *Linguatula serrate*

Material para o diagnóstico: o corrimento nasal ou nas fezes.
Estádio e descrição: deteção de ovos
Material para o diagnóstico: o corrimento nasal ou nas fezes.
Estádio e descrição: deteção de ovos

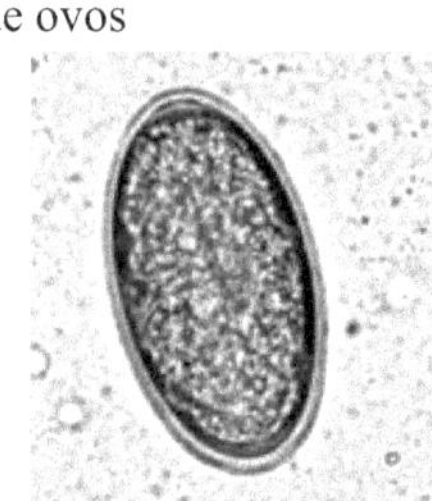

Fig. 122 Ovo de Linguatula serrate

10. Demodicose canina Demodex canis

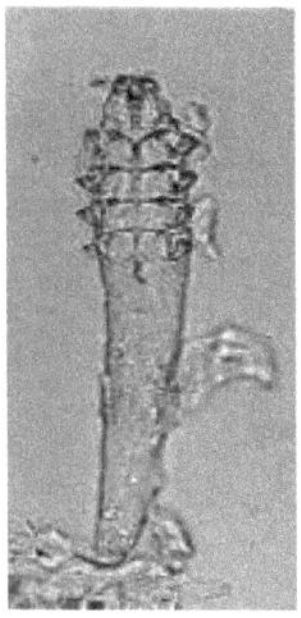

Fig. 123 Demodex *canis* adulto. **Fig.**124 Cão com Demodex

Doença: Demodicose

Agente causador*:* *Demodex canis*

Hospedeiros afectados: Cão, raposa e lobos **Local ou habitat:** Folículos pilosos e glândulas sebáceas.

Ciclo de vida:-

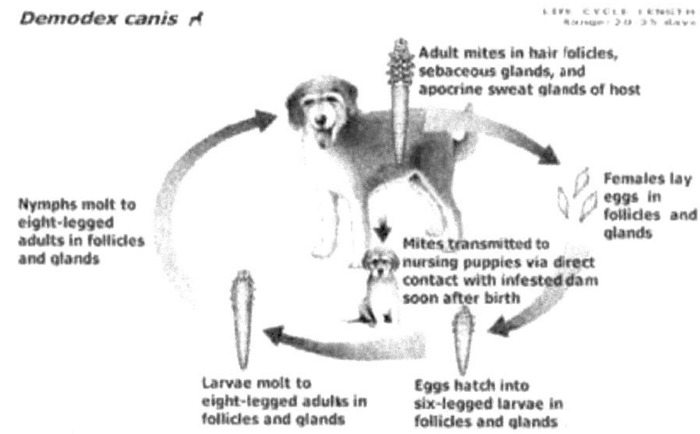

Fig. 125 Ciclo de vida de *D. canis*

Material para diagnóstico: Raspagens profundas da pele **Estádio e descrição:** *D. canis* (ovos, larvas e adultos).

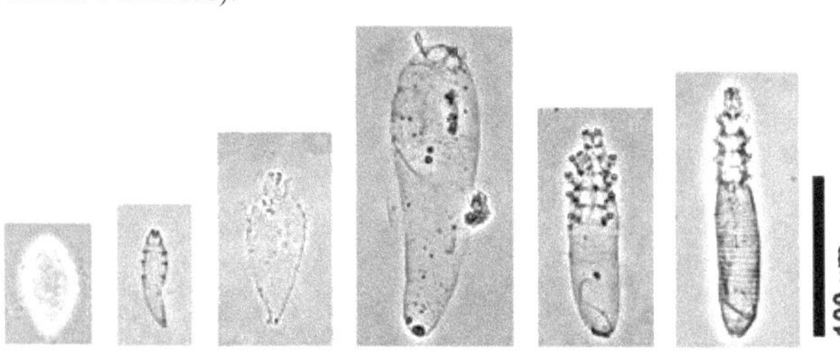

Fig. 126 *D. canis* (ovos, larvas e adultos).

12. Sarcoptes sp.

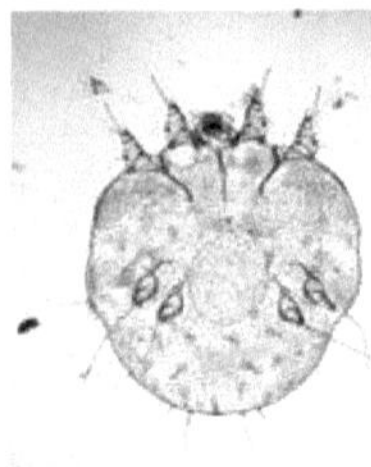

Fig. 127 Sarcoptes scabiei adulto **Fig.128** Lesões extensas de sarna sarcóptica

Doença: Sarna Agente causador: *Sarcoptes scabiei* var. *canis*

Hospedeiros afectados: Cães, raposa selvagem e lobo

Local ou habitat: Pele **Ciclo de vida:-**

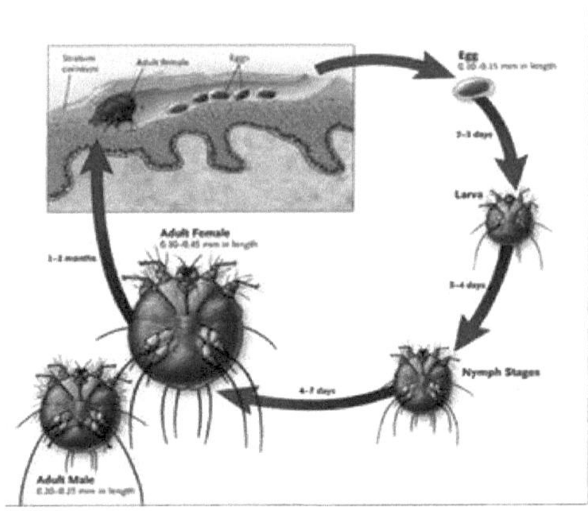

Fig. 120 Ciclo de vida de *Sarcoptes scabiei*

Material para diagnóstico: Biópsias de pele

Estádio e descrição: deteção do parasita nas suas diferentes fases

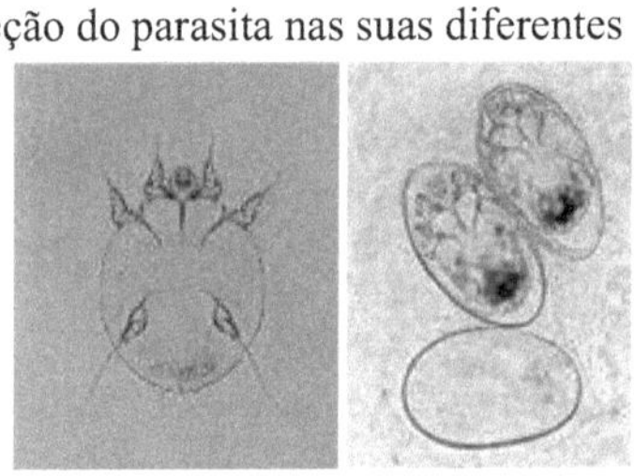

Fig. 121 Vários estádios de *Sarcoptes*

13. Notoedric sp.

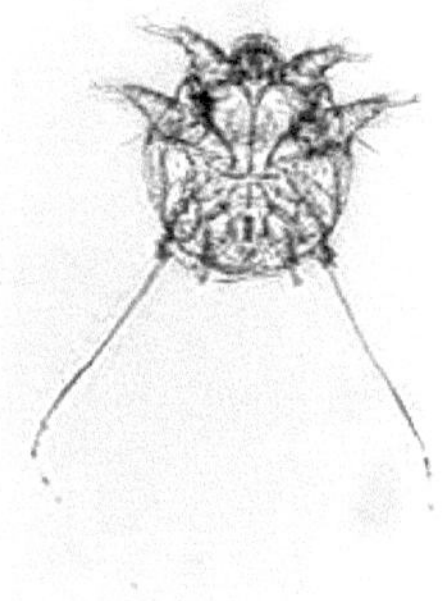

Fig. 122. *Notoedres cati* macho.

Doença: *Notoedriose* **Agente causador:** *Notoedres cati*

Hospedeiros afectados: Cães e gatos selvagens.

Local ou habitat: Pele **Ciclo de vida:**

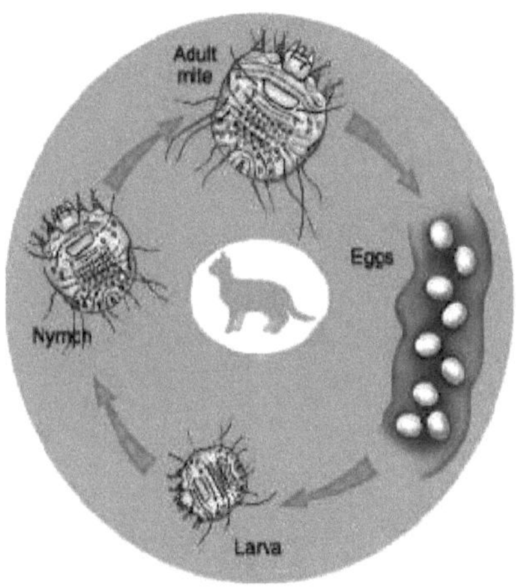

Fig.123 Ciclo de vida de *Notoedres cati*

Material para diagnóstico: raspagem da pele

Estádio e descrição: (ovos, larvas e adultos).

Fig.124 Notoedres cati adulto

14. *Pneumonyssoidosis*

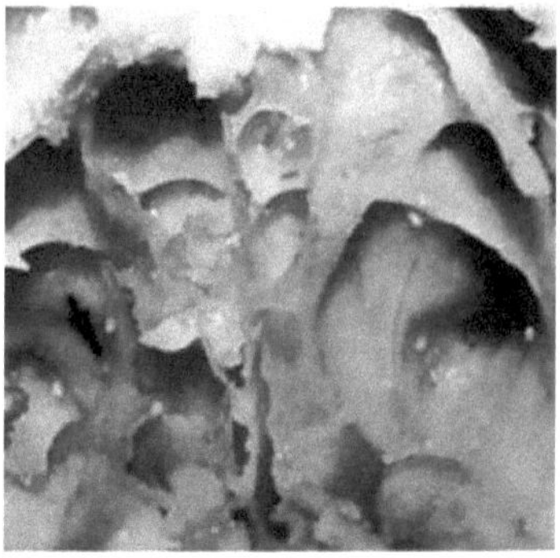

Fig. 125 Ácaros *Pneumonyssoides camnum* nos seios frontais

Doença: Pneumonyssoidosis

Agente causador: *Pneumonyssoides caninum*

Hospedeiros afectados: Gatos selvagens, cães e raposas

Local ou habitat: Cavidades nasais e seios frontais.

Ciclo de vida:

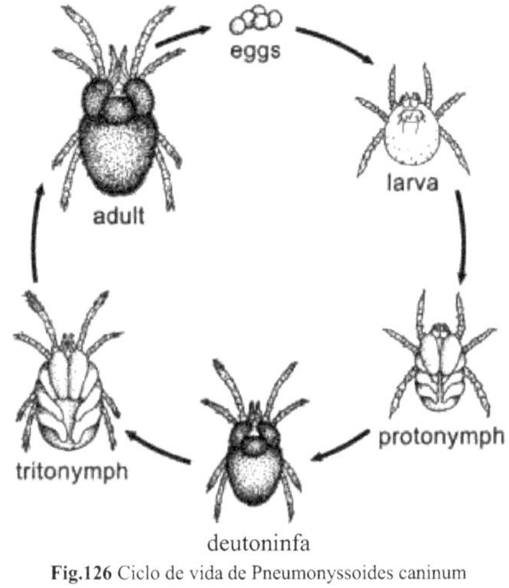

Fig.126 Ciclo de vida de Pneumonyssoides caninum

Material para diagnóstico: corrimento nasal
Estádio e descrição: parasita

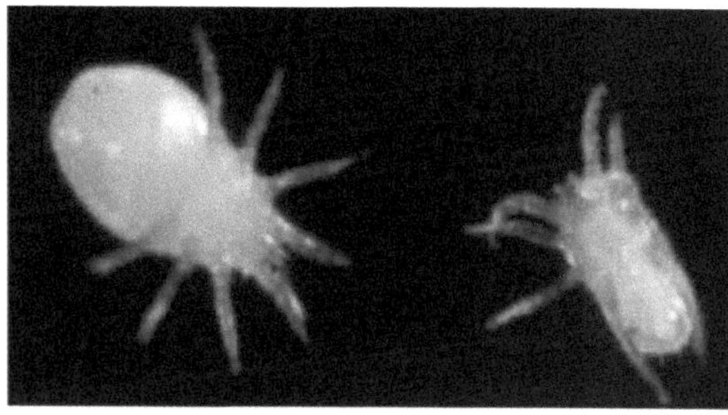

Fig. 127 Pneumonyssoides caninum adulto

15. *Ctenocephalides sp*

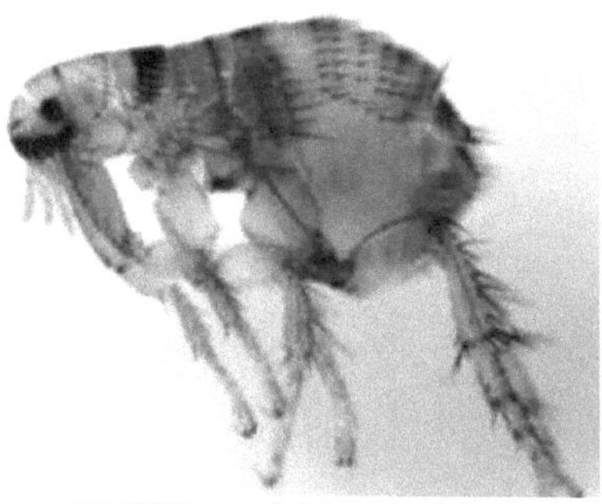

Fig. 128 Ctenocephalides canis adulto.

Doença:-
Agente causador: *Ctenocephalides canis.*
Hospedeiros afectados: gatos, raposas e cães
Local ou habitat: Pele
Ciclo de vida:-

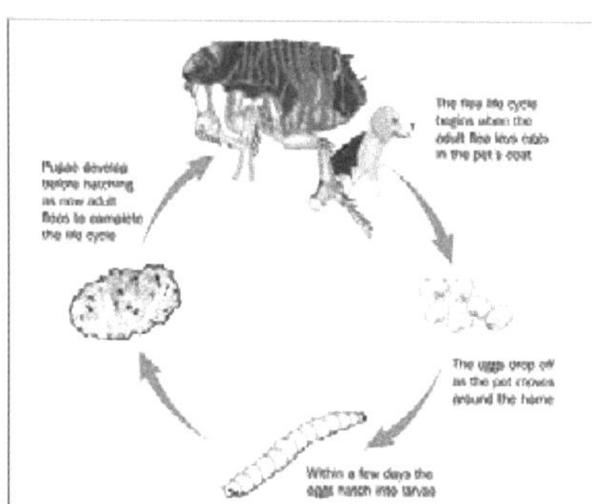

Fig. 129 Ciclo de vida de *Ctenocephalides canis.*
Material para diagnóstico: Exame macroscópico

Estágio e descrição: O diagnóstico da infestação por pulgas baseia-se na deteção de pulgas no pelo.

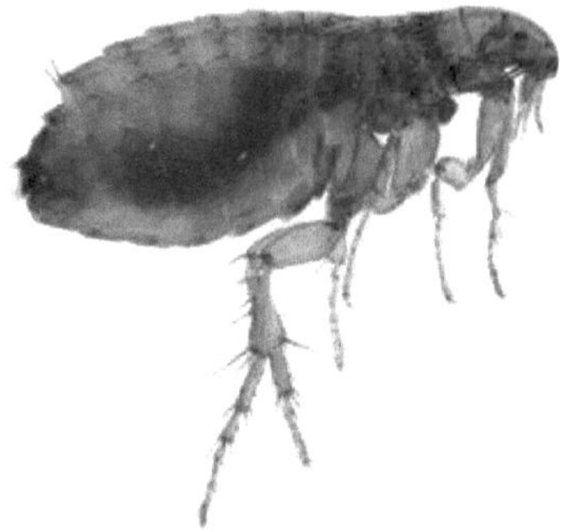

Fig. 130 Pulga adulta

16. *Infestação por carraçasf*

Os géneros de carraças mais importantes que infestam os animais de companhia em todo o mundo são ***Ixodes*, *Rhipicephalus*, *Dermacentor*, *Amblyomma*** e ***Haemaphysalis***

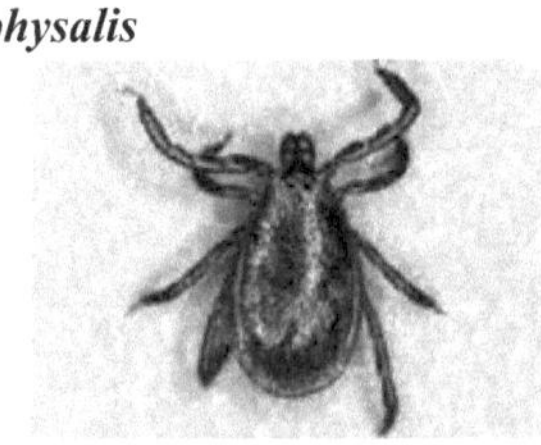

Fig. 131 *Ixodes* sp. . **Fig. 132** Rhipicephalus sp. .

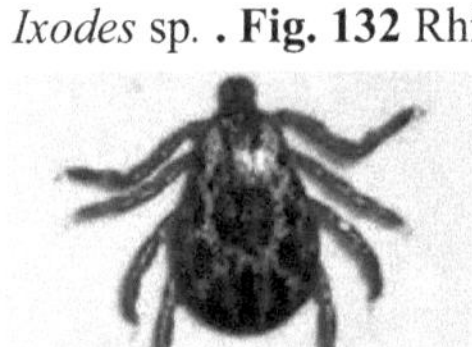
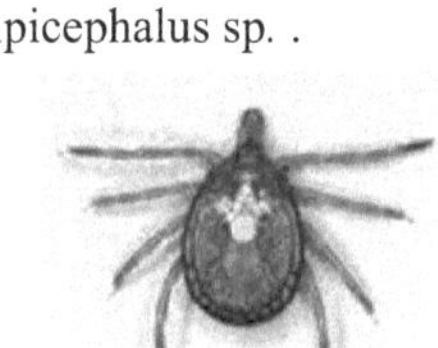
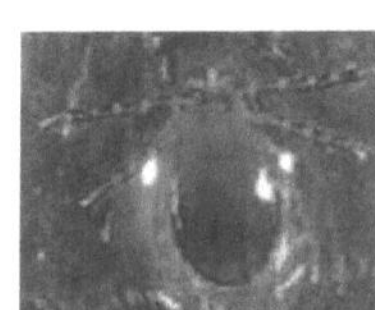

Fig. 133 *Dermacentor* sp. **Fig. 134** *Amblyomma sp.* **Fig. 135** *Haemaphysalis sp.*

Doenças: *Acarioses* 237

Agente causador: *Ixodes* sp., *Rhipicephalus* sp. *Dermacentor* sp. *Amblyomma americanum. Haemaphysalis longicornis.*

Hospedeiros afectados: Cães, raposas, lobos

Local ou habitat: Pele

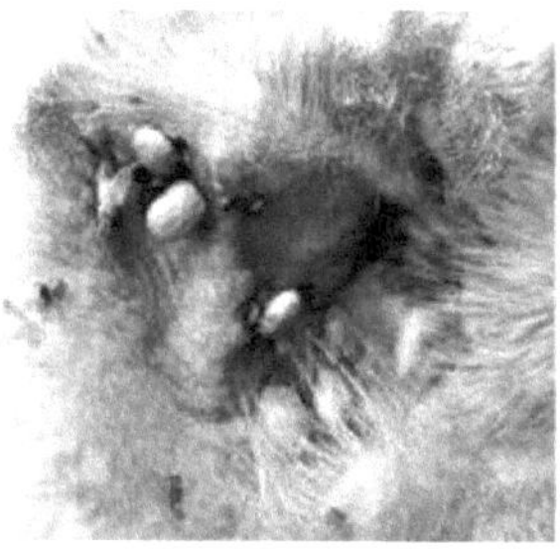

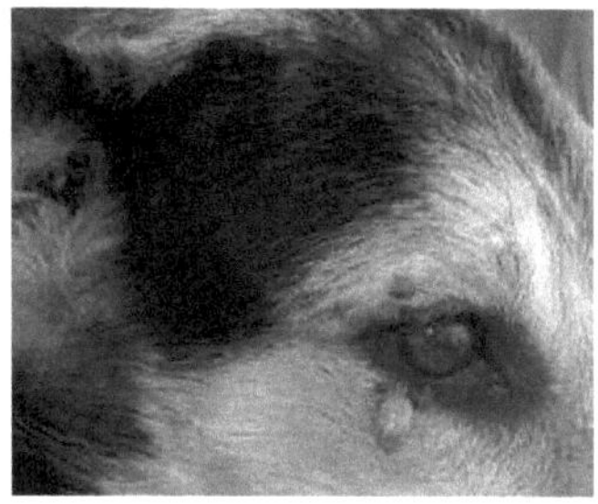

Fig. 136 Carraças aderentes na orelha de um cão. **Fig. 137** Carraças de Rhipicephalus sanguineus aderentes.

Ciclo de vida:

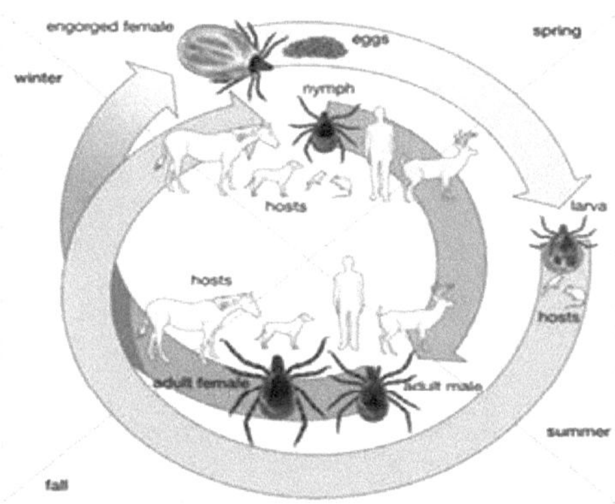

Fig. 138 Ciclo de vida das carraças

Material para diagnóstico: O diagnóstico baseia-se na inspeção dos locais de fixação preferidos e na observação das carraças fixadas à pele.

Fase e descrição: Espécies de carraças, fases

Fig. 139 Fases da carraça

PARTE IV

HELMINTAS PARASITAS DE HERBÍVOROS SELVAGENS

(Ruminantes selvagens, urso selvagem, porco selvagem, gazela da montanha, corço preto, íbex da Núbia, veado, órix da Arábia, órix cimitarra, antílope branco, burro selvagem, *babuíno*, rochedo, gazela leptocerosa, gazela dorcas, carneiro da Barbária.

17. *INFECÇÕES TREMATODEAS (Fasciolose)*

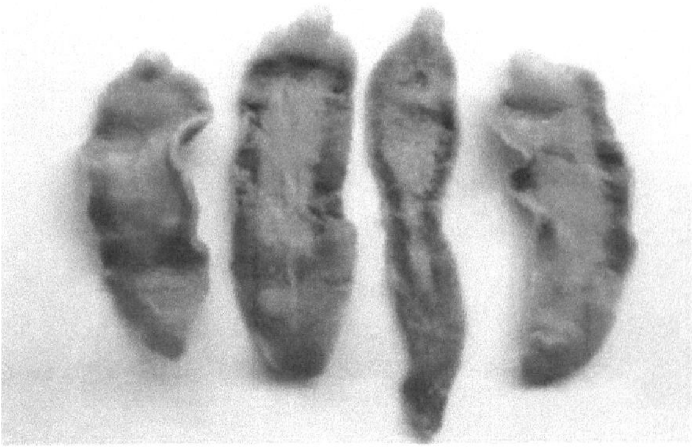

Fig. 130 Verme adulto

Doença: *Fasciolose*

Agente causador: *Fasciloa gigantica*

Hospedeiros afectados: Cheetal, corço, bisonte, elefantes e javalis.

Local ou Habitat: Ducto biliar e fígado

Ciclo de vida:-

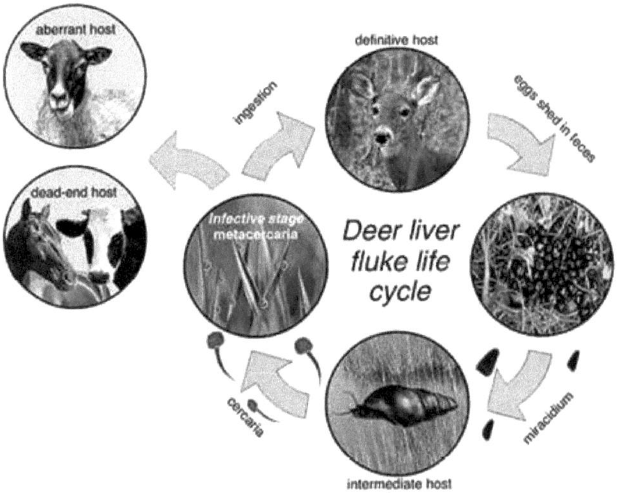

Fig. 131 Ciclo de vida da *Fasciloa*

Material para diagnóstico: Fezes **Estádio e descrição:** Ovo

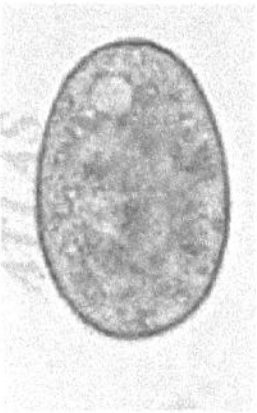

Fig. 132 Ovo de Fasciloa

18. ***Anfistomose* :- Doença:** *Anfistomose* **Agente causador& Local ou habitat:** *(Rúmen)*

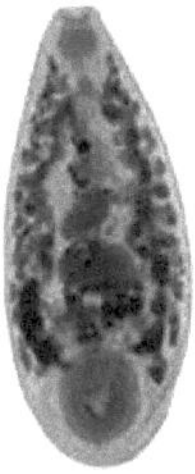

Fig. 133 Paraphistomum cervi no rúmen **Fig. 134** Verme adulto

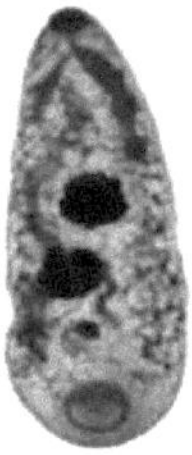

Fig. 135 Cotylophoron sp. no rúmen **Fig.** 136Adulto

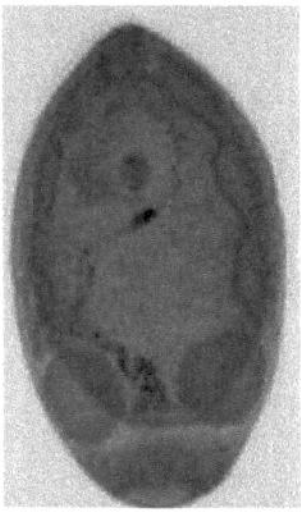

Fig.137 Gastrothylax crumenifer

(Ceco e cólon)

Ciclo de vida:

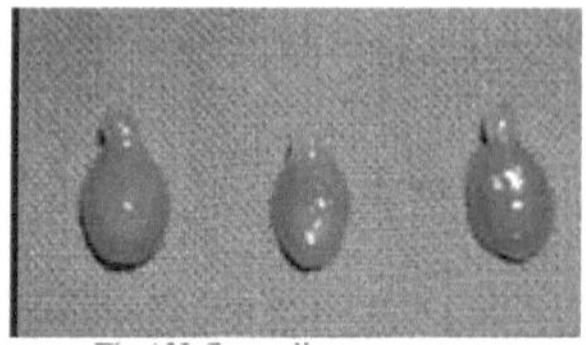

Fig.138 Verme Gastrodiscus sp.

Ciclo de vida:

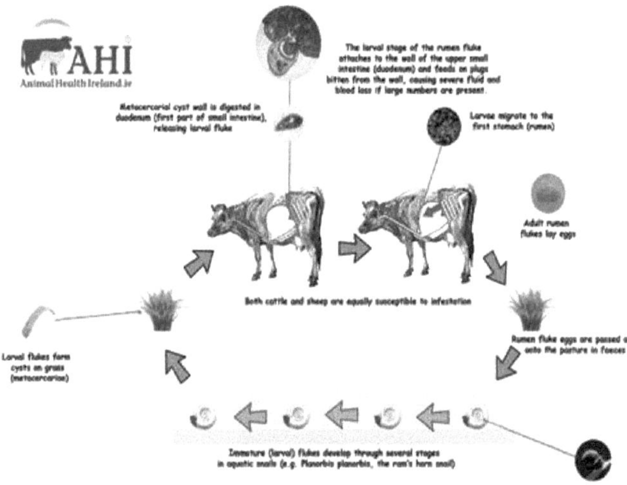

Fig.139 Ciclo de vida dos parafístomídeos

Hospedeiros afectados: Ruminantes selvagens, elefantes

Material para diagnóstico: estrume **Estádio e descrição:** ovo

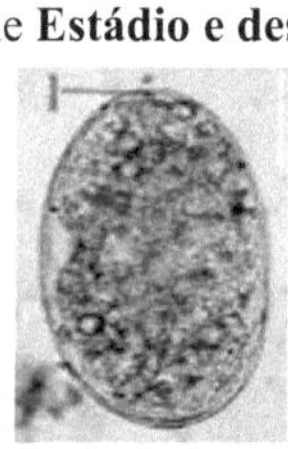

Fig. 140 Ovo de parafístomídeo

18. *INFECÇÕES POR CESTODES*

Doença: *Monieziase*

Fig.141 Moniezia sp.worm

Agente causador: *Moniezia sp.*
Hospedeiros afectados: Corço preto, veado-campeiro, bovídeo selvagem e girafa
Local ou Habitat: Intestino delgado
Ciclo de vida:-

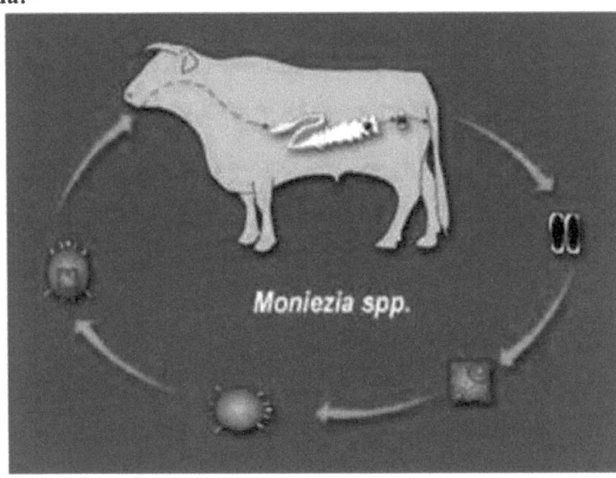

Fig. 141 Ciclo de vida de *Moniezia sp* aterial para diagnóstico: Estrume

Fase e descrição: ovo

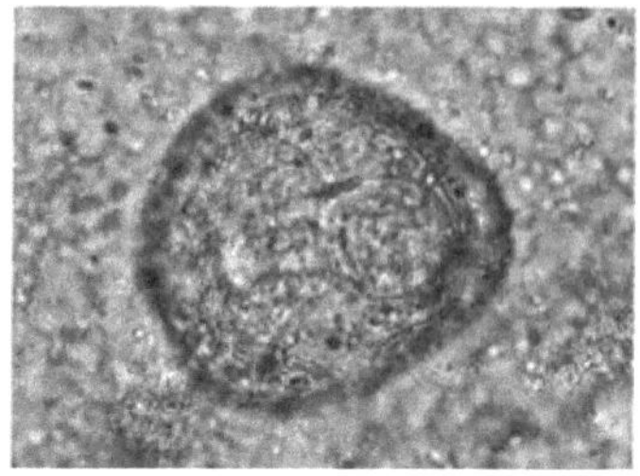

Fig.142 Ovo de Moniezia sp

Doença: *Anoplocefalia*

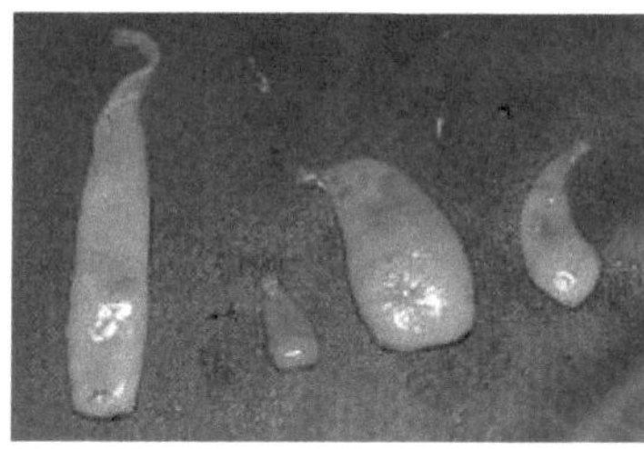

Fig.143 Verme Anoplocephala

Agente causador: ***Anoplocephala***

Hospedeiros afectados: Elefantes, rinocerontes, zebras e burros selvagens

Local ou Habitat: Intestino delgado

Ciclo de vida:-

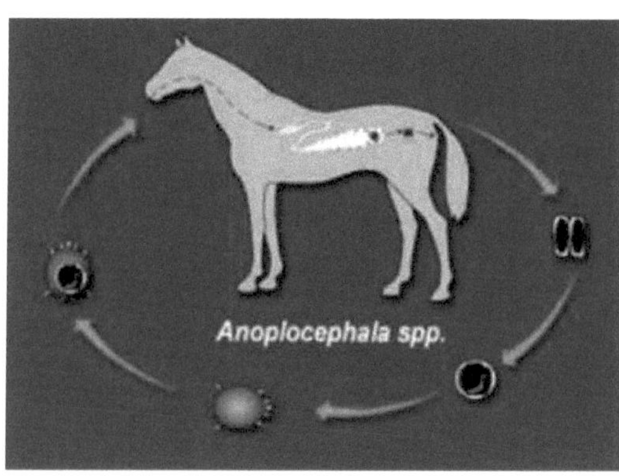

Fig.144 Ciclo de vida de *Anoplocephala*

Material para diagnóstico: Estrume
Fase e descrição: Ovo

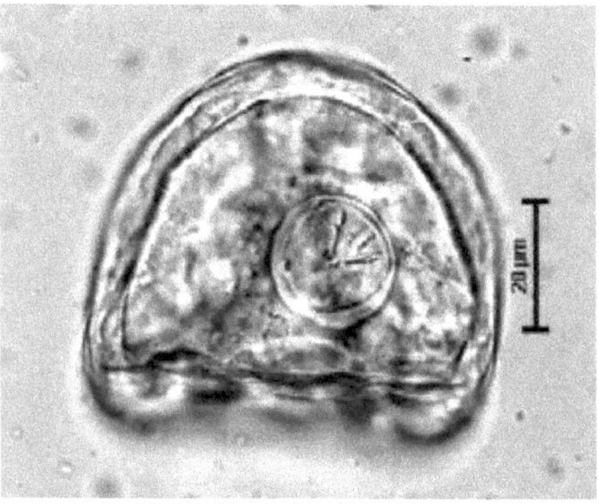

Fig.145 Ovo de Anoplocephala sp.

Doença: Equinococose ou *doença hidática*
Agente causador: *Echinococcus.*
Hospedeiros afectados: grandes variedades de ungulados

Local ou Habitat: Fígado e pulmões

Ciclo de vida:-

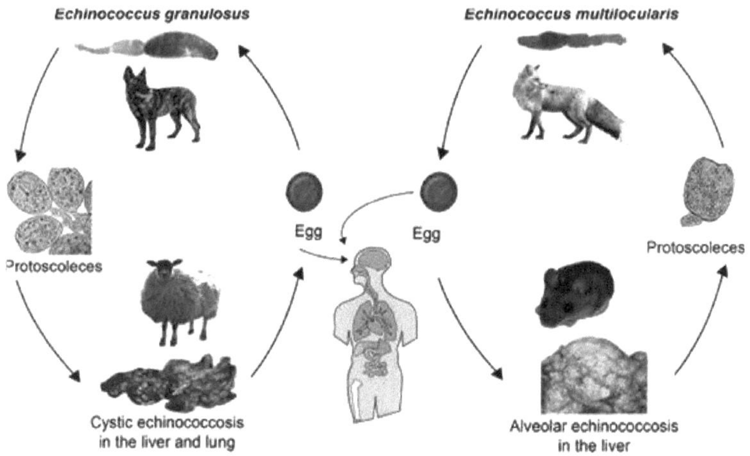

Fig. 146 Ciclo de vida do *Echinococcus*

Diagnóstico: 78ostmortem Estádio e descrição

Fig. 147 Cisto *de Echinococcus*

Doença: *Cisticercose tenuicollis*

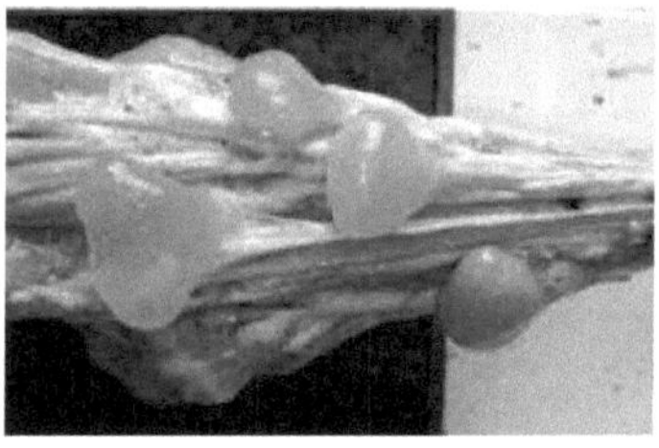

Fig.148 Cysticercus tenuicollis

Agente causador: *Taenia hydatigena*

Hospedeiros afectados: Veado, corço, gibão Local ou Habitat: cavidade peritoneal

Ciclo de vida:-

Fig.149 Ciclo de vida da *Taenia hydatigena*

Material para diagnóstico: post mortum

Estádio e descrição: cisto

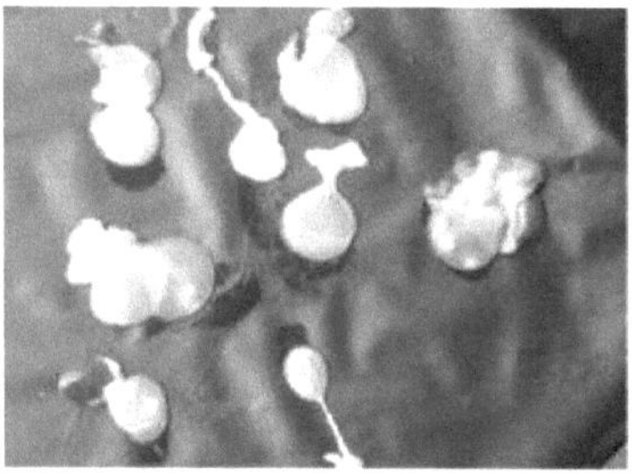

Fig.150 Cysticercus tenuicollis

20. *INFECÇÕES POR NEMÁTODOS*

Doença : *Ascarisíase*

Fig. 151 Verme Ascaris adulto

Agente causador:

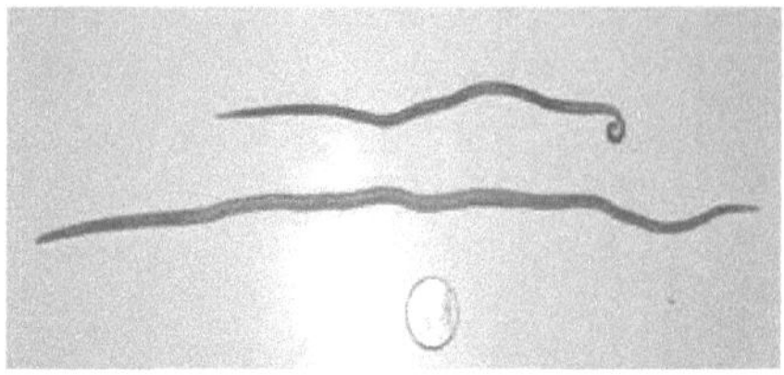

Fig. 152Ascaris sum - porco

Fig. 153 Parascaris equarium-Zebra

Hospedeiros afectados: Porcos selvagens, javalis e zebras

Local ou Habitat: Intestino delgado

Ciclo de vida:-

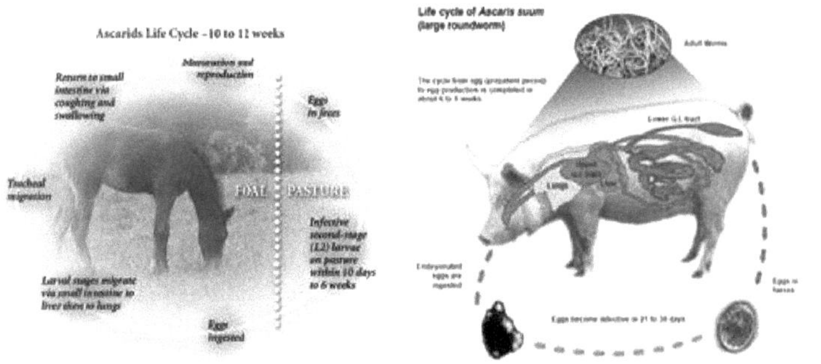

Fig.154 Ciclo de vida de Parascaris e Ascaris sum

Material para diagnóstico: Estrume **Estágio e descrição:** Ovo

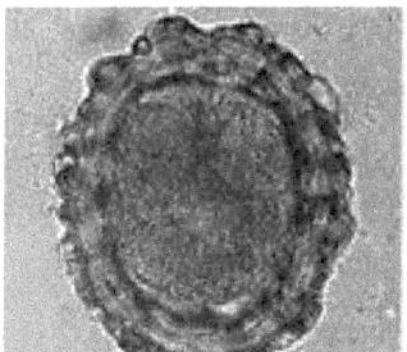 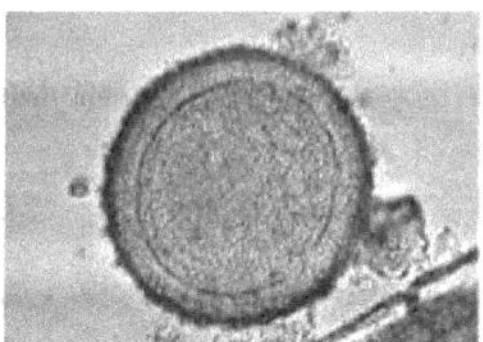 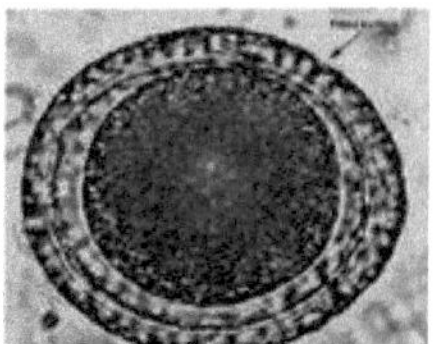

Fig.155Ascaris sum **Fig**. 156 Ascaris equorum **Fig**.157 Ascaris vitulorum

Doença: *Bunostomum* sp.

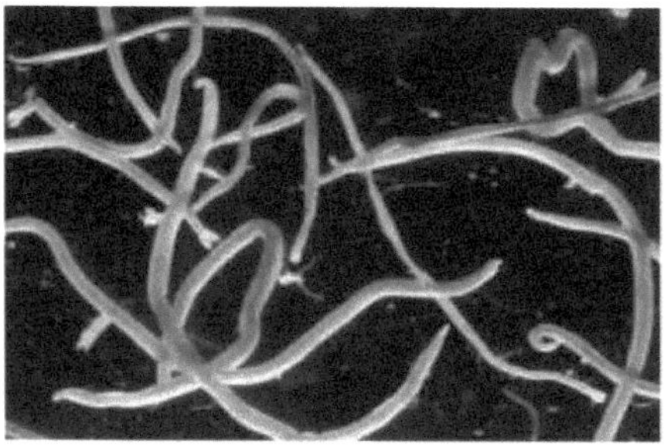

Fig. 158 Bunostomum Bunostomum

Agente causador: *Bunostomum* sp.
Hospedeiros afectados: Ruminantes selvagens, Herboviroes
Local ou Habitat: Intestino delgado
Ciclo de vida:-

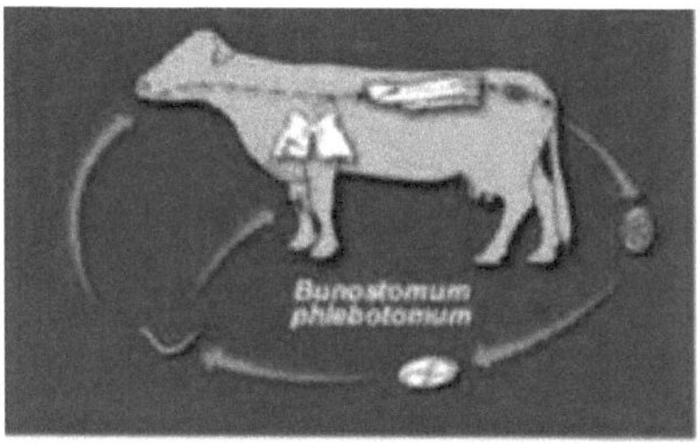

Fig. 159 Ciclo de vida de *Bunostomum*

Material para diagnóstico: Estrume
Fase e descrição: Ovo

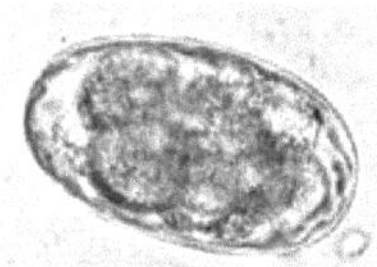

Fig.160 Ovo de Bunostomum

21. *Haemonchus sp.*

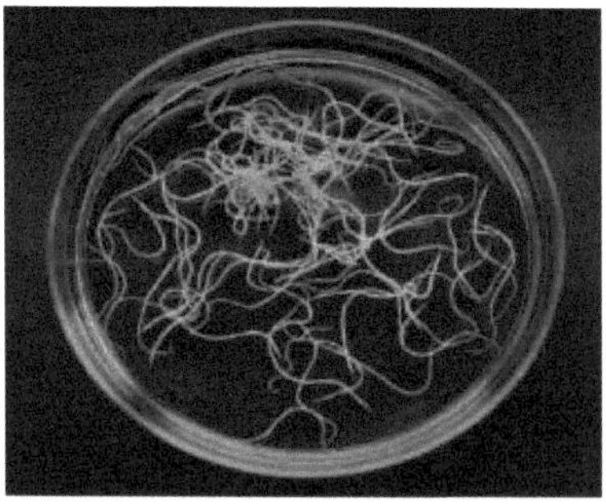

Fig. 161 Verme adulto

Doença: Verme do barbeiro
Agente causador: *Haemonchus contortus*
Hospedeiros afectados: ruminantes selvagens,
Local ou Habitat: Mucosa abomasal e alimenta-se de sangue.
Ciclo de vida:-

O ciclo de vida do *H. contortus*

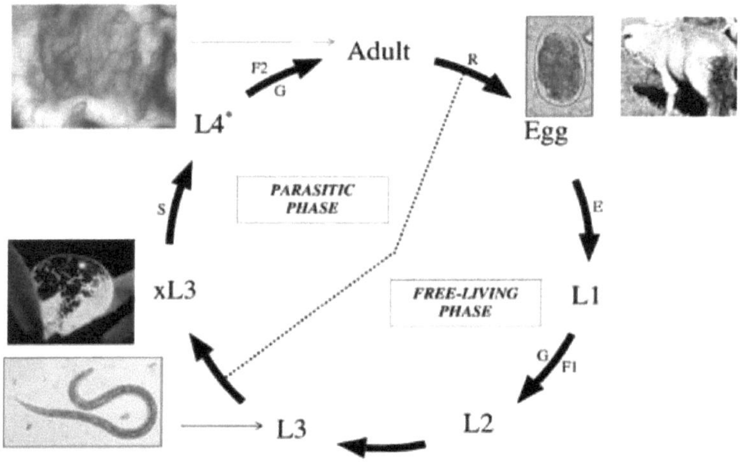

Fig. 162 Ciclo de vida do *Haemonchus*

Material para diagnóstico: Estrume
Fase e descrição: Ovo

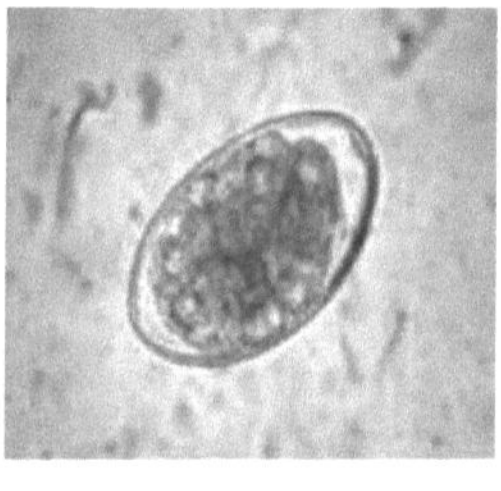

Fig. 163 Ovo de Haemonchus

Doença: Ostertagia (vermes castanhos do estômago).

Fig.164 (Vermes *castanhos* do estômago).

Agente patogénico*: (Ostertagia circumcincta, Ostertagia leptospicularis, O. kolchida, O. ostertagi, O. lyrata)*

Hospedeiros afectados: ruminantes selvagens, veados

Local ou Habitat: Abomaso (Estômago verdadeiro)

Ciclo de vida:-

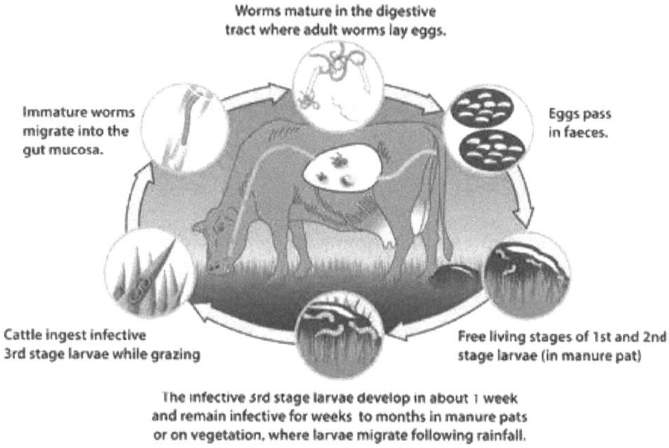

***Fig**. 165 Ciclo de vida dos* Ostertagia (vermes *castanhos* do estômago).

Material para diagnóstico: Estrume **Estádio e descrição:** Ovo

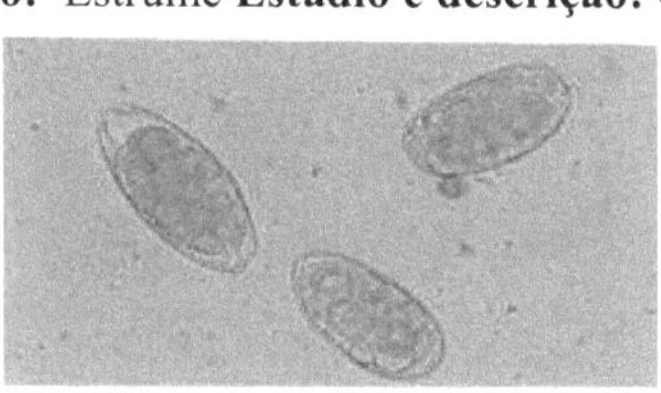

Fig. 166 Ovo de Ostertagia

Doença: Esofagostomíase

Agente causador*:* Oesophagostomum *(Oesophagostomum venulosum, Oe. radiatum, Oe. Sikae).*

Hospedeiros afectados: ruminantes selvagens, veados

Local ou Habitat: Intestino grosso ou intestino delgado terminal

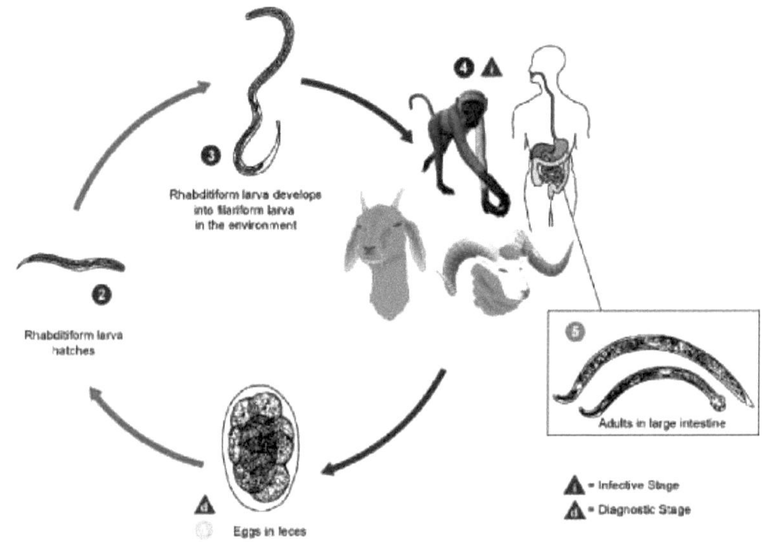

Fig. 167 Ciclo de vida de Oesophagostomum

Material para diagnóstico: Estrume
Fase e descrição: Ovo

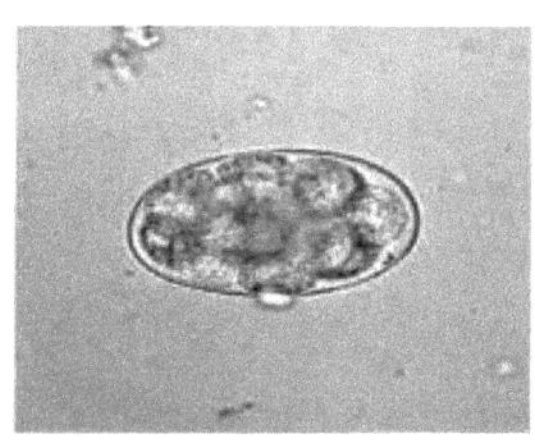

Fig. 168 Oesophagostomum *egg*

Doença: Trichostrongylosis (Trikes)

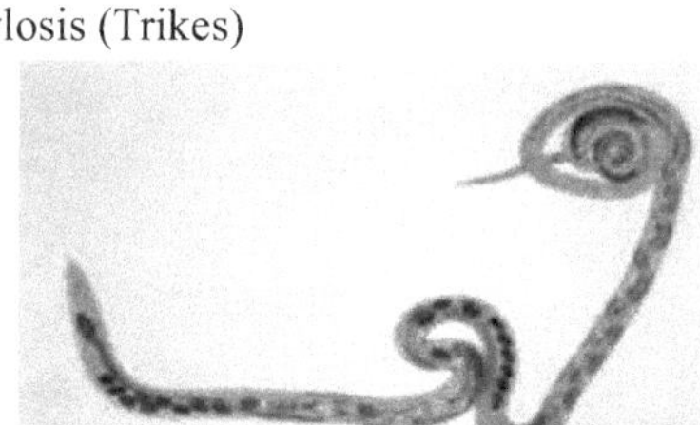

Fig.169 Verme negro (Fonte: Professor Nick Sangster, Universidade de Sydney)

Agente causador: *Trichostrongylus axei*
Hospedeiros afectados: Ruminantes selvagens, zebras, camelos
Local ou Habitat: Abomaso
Ciclo de vida:-

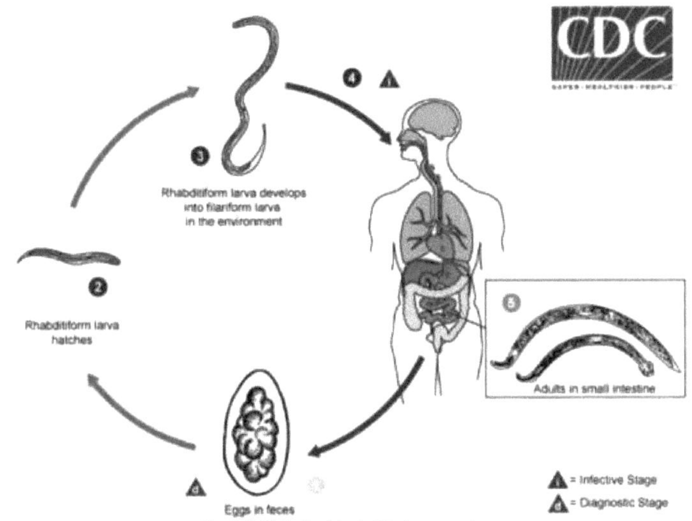

Fig. 170 Ciclo de vida de *Trichostrongylus sp.*

Material para diagnóstico: Estrume

Fase e descrição: Ovo

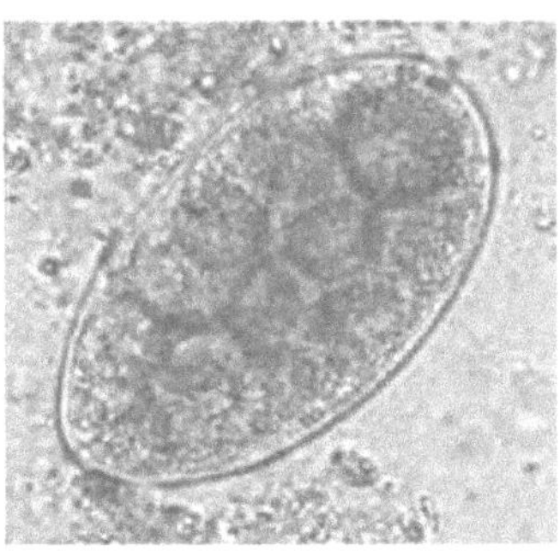

Fig. 171 Ovo de Trichostrongylus sp.

Agente causador: Verme do pulmão - Dictyocaulus

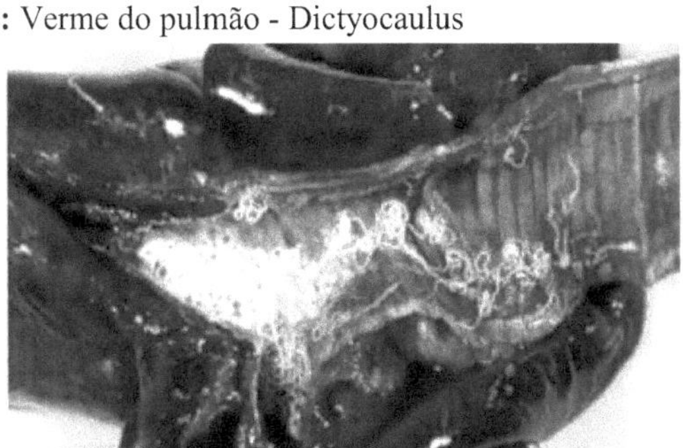

Fig. 172 Verme do pulmão - Dictyocaulus Eckerti em veado

Hospedeiros afectados: Ruminantes selvagens, veados, zebras e camelos
Local ou Habitat: Bronquíolos
Ciclo de vida:-

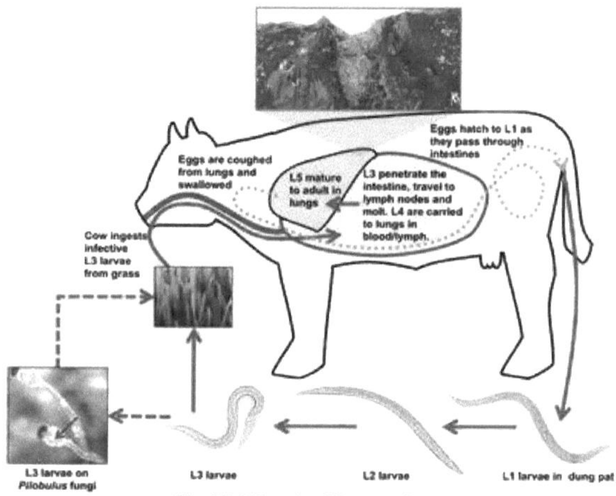

Fig. 173 Life cycle of *Dictyocaulus sp.*

Fig. 173 Ciclo de vida de *Dictyocaulus sp.*

Material para diagnóstico: expetoração ou corrimento nasal
Estádio e descrição: larva

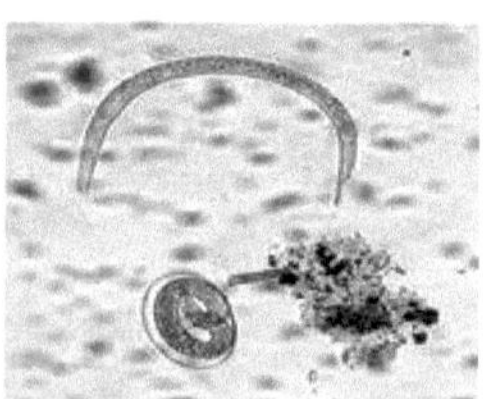

Fig. 175 Larva de Dictyocaulus sp.

Doença: *Triquíase.*

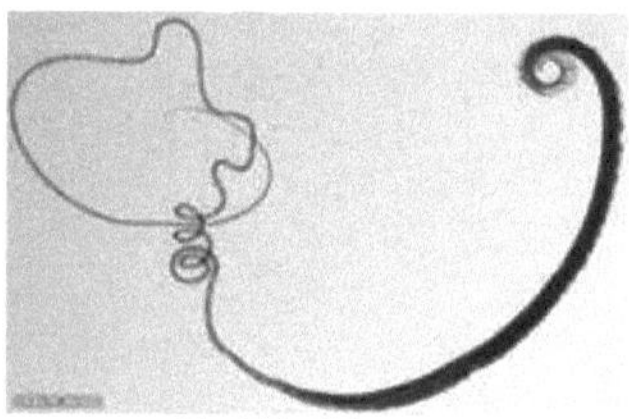

Fig. 176 Verme adulto

Agente causador: *Trichuris sp.*
Hospedeiros afectados: Ruminantes selvagens, javalis, porco selvagem

Local ou Habitat: Ceco

Ciclo de vida:-

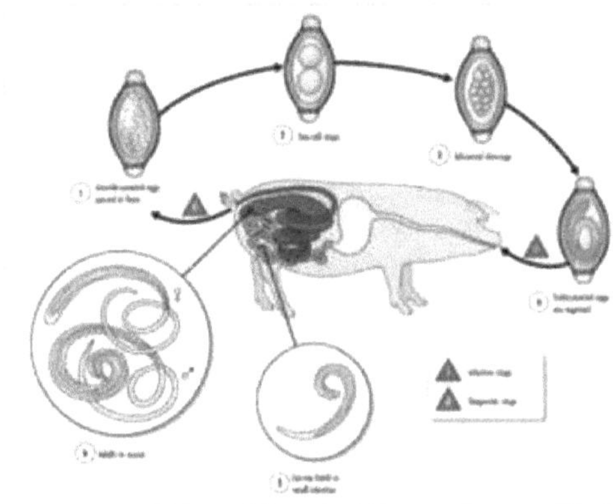

Fig. 177 Ciclo de vida do *Trichuris suis no porco*

Material para diagnóstico: Fezes

Fase e descrição: Ovo

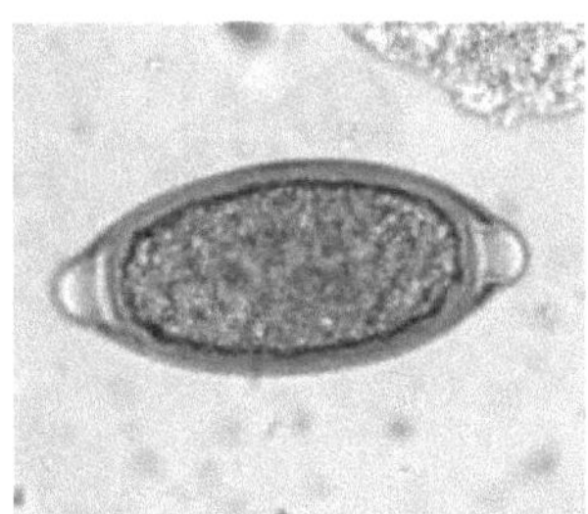

Fig. 178 Ovo de Trichuris

Doença: *Oxirose*

Agente causador: *Oxyuris equi*

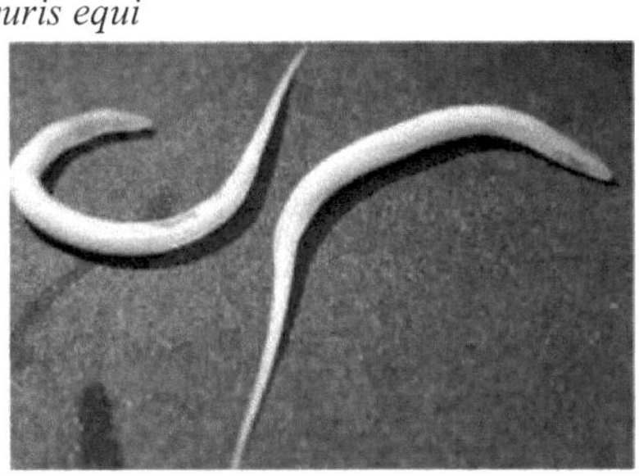

Fig. 179 Verme adulto

Hospedeiros afectados: Zebra

Local ou Habitat: Intestino grosso

Ciclo de vida:-

Oxyuris Equi - Ciclo de vida

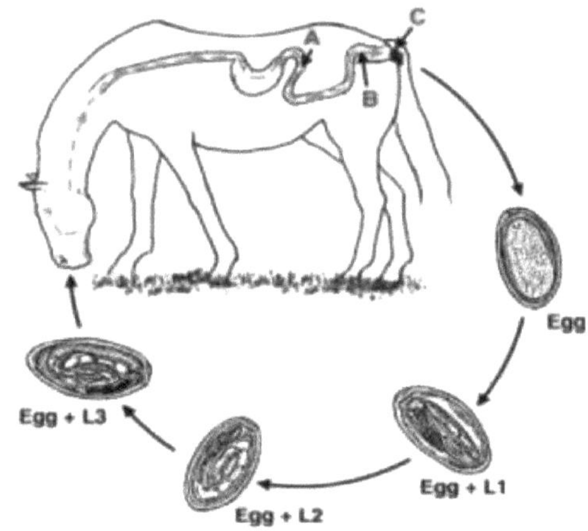

Fig. 180 Ciclo de vida de *Oxyuris equi*

Material para diagnóstico: Fezes e esfregaço anal
Fase e descrição: Ovo

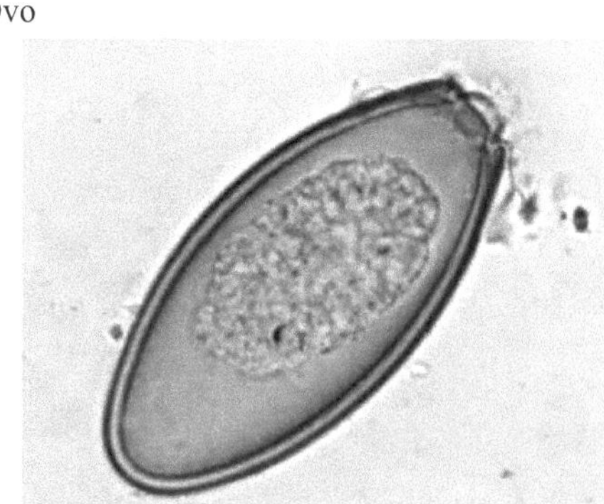

Fig. 181 Ovo de Oxyuris equi

Doença: *Enterobíase*

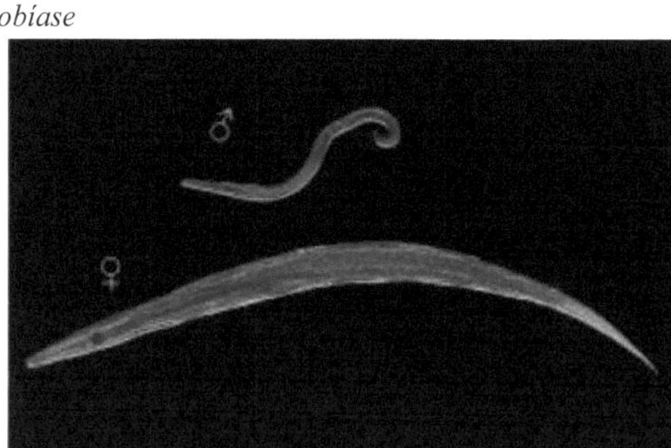

Fig. 182 Verme adulto

Agente causador: *Enterobius vermicularis*
Hospedeiros afectados: Chimpanzé, Gibão
Local ou Habitat: Ceco, apêndice e cólon
Ciclo de vida:-

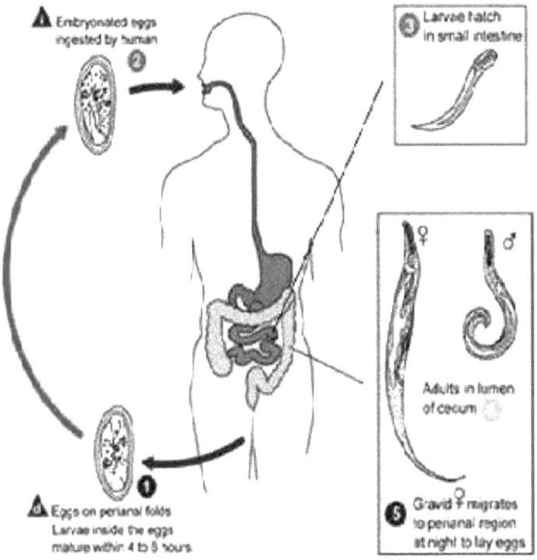

Fig. 183 Ciclo de vida de Enterobius vermicularis

Material para diagnóstico: esfregaço perianal **Estádio e descrição:** Ovo

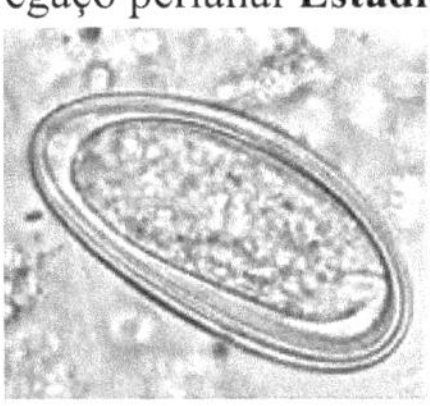

Fig. 184 Ovo de Enterobius vermicularis

Doença: *Setariose*

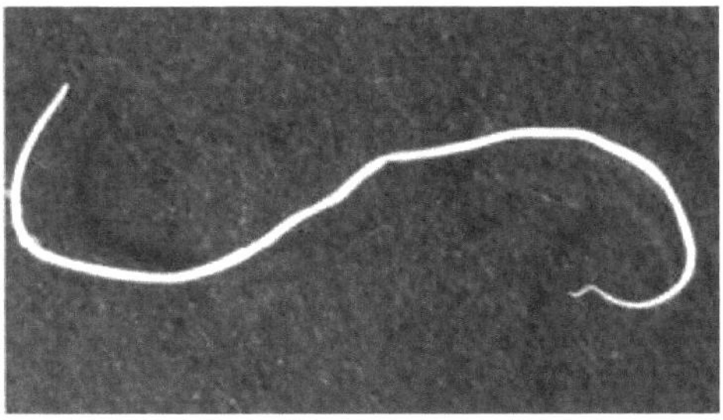

Fig. 185 Verme adulto

Agente causador: ***Setaria cervi*** *em veados*

A Setaria labiatopapillosa infecta principalmente **bovinos**, outros bovinos e cervídeos. Ocorrem em todo o mundo, com incidência variável.
A Setaria digitata infecta **o gado** e os animais com casco, principalmente na Ásia.
A Setaria equina infecta **cavalos** e outros equídeos em todo o mundo.
Setaria congolensis infecta **suínos** em África.
A Setaria tundra afecta as renas e outros cervídeos nas regiões frias do hemisfério norte.
Hospedeiros afectados: Veados, ruminantes selvagens, equídeos, suínos
Local ou Habitat: cavidade periteanal
Ciclo de vida:-

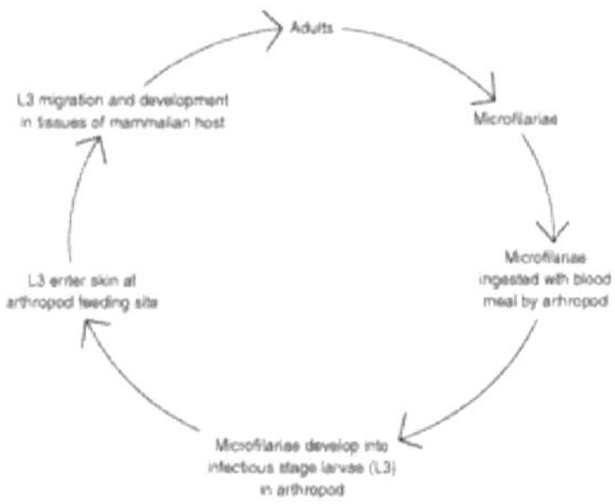

Fig. 186 Ciclo de vida de *Setaria* ***sp.***

Material para diagnóstico: Sangue
Estágio e descrição: Microfilária

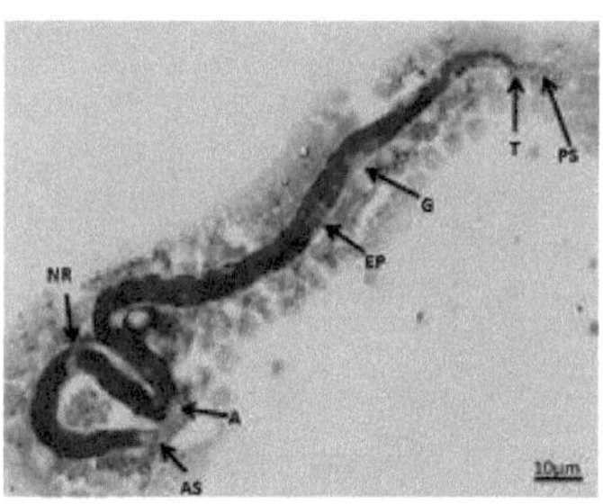

Fig. 187 Setaria *Microfilaria*

Doença: *Filariose*
Agente causador: *Indofilaria elephantis & I. pattabiramani*
Hospedeiros afectados: elefante
Local ou Habitat: Pele
Ciclo de vida: - Ciclo de vida indireto
Material para diagnóstico: Descarga do nódulo
Estágio e descrição: Microfilária

PARTE V

PROTOZOÁRIOS E ECTOPARASITAS DE HERBÍVOROS SELVAGENS

1. INFECÇÕES POR PROTOZOÁRIOS

Doença: *Tripanossomíase*

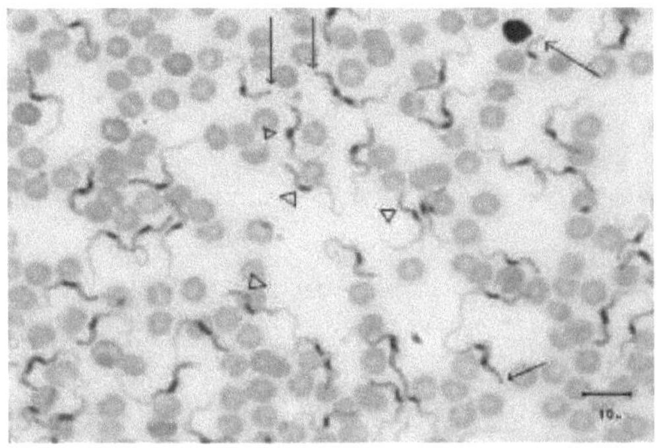

Fig 188 Trypanosoma evansi

Agente causador: *Trypanosoma evansi*

Hospedeiros afectados: Ruminantes selvagens e equídeos

Local ou Habitat: Sangue, linfa e fluidos tecidulares

Life cycle:-

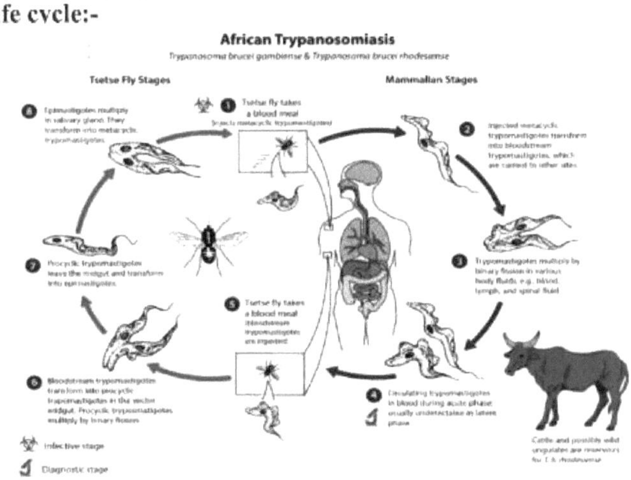

g y yp

Material para diagnóstico: Sangue

Palco e descrição:

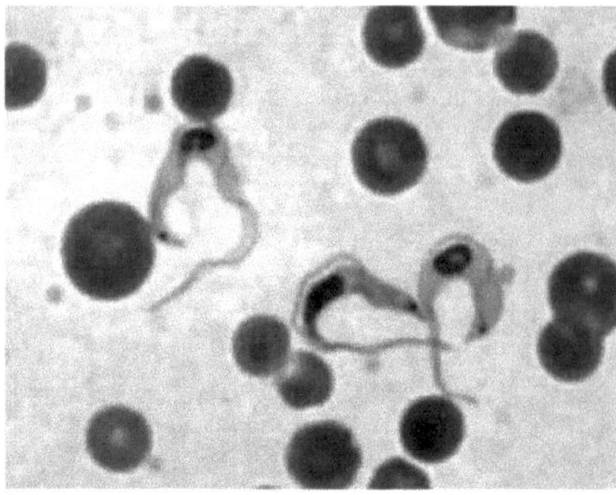

Fig. 190 Trypanosoma evansi

Doença: *Babesiose*

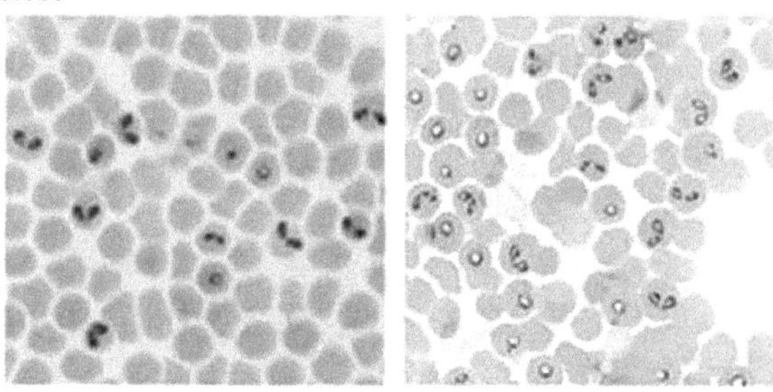

Fig. 191 *Babesia*

Agente causador: *Babesia sp.*

Hospedeiros afectados: Herbívoros, Equinos

Local ou Habitat: Sangue, hemácias

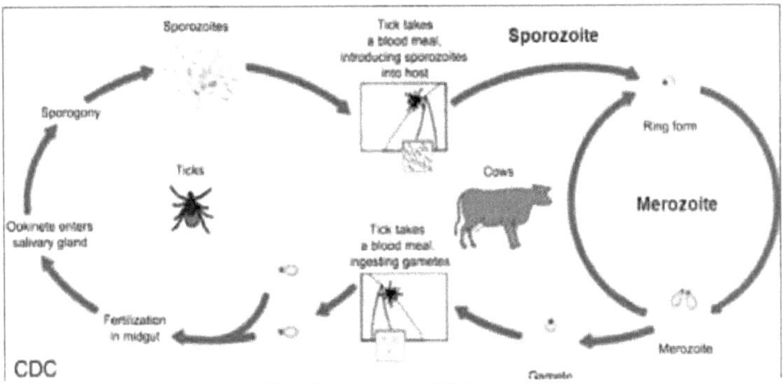

Fig. 192 Life cycle of *Babesiasp.*

Material para diagnóstico: Sangue

Palco e descrição:

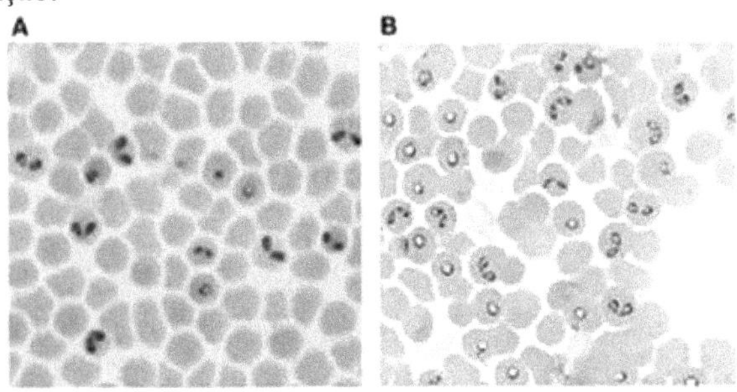

Fig. 193 parasita no sangue

Doença: *Teileriose.*

Agente causador: *Theileria sp.*

Hospedeiros afectados: Herbívoros

Local ou Habitat: Merozoíto no sangue e Esquizonte no nódulo linfático

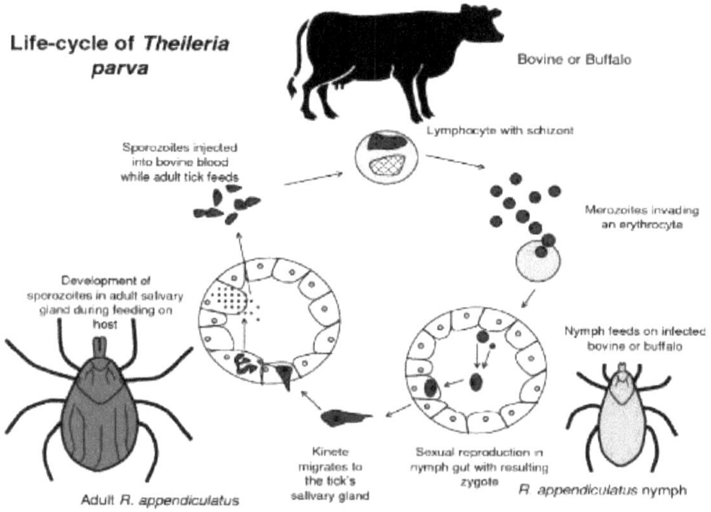

Fig. 194 Ciclo de vida de *Theileria sp.*

Material para diagnóstico: Sangue e gânglios linfáticos

Estádio e descrição: Merozoíto no sangue e Esquizonte na linfa

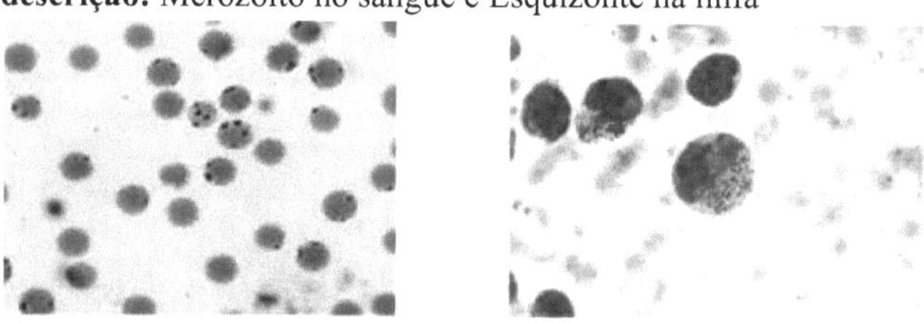

Fig. 195 Merozoite no sangue e Schizont na linfa

Doença: *Anaplasmose*

Agente causador: *Anaplasma marginale.*

Hospedeiros afectados: Herbívoros, zebra, bisonte, antílope, alce, camelo e veado

Local ou Habitat: Sangue no interior das hemácias

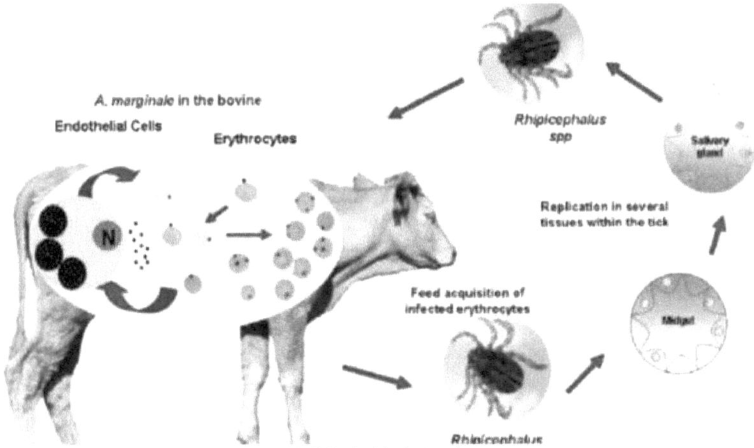

Fig. 196 Ciclo de vida de *Anaplasmasp.*

Material para diagnóstico: Esfregaço de sangue
Estádio e descrição: Pequenos pontos escuros

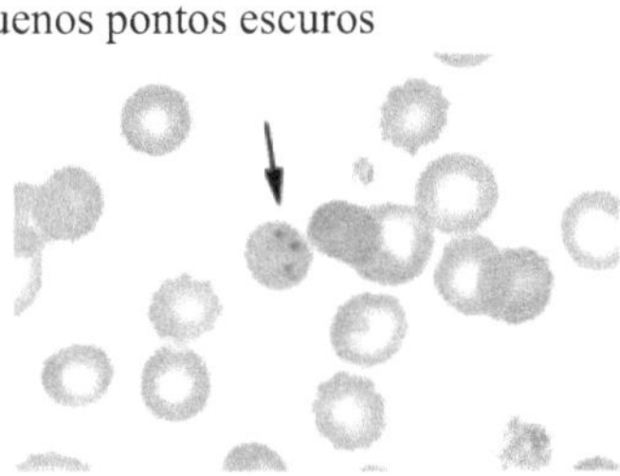

Fig. 197 Anaplasma sp.

Doença: *Amebíase*
Agente causador: *Entabomae histolytica*
Hospedeiros afectados: Macacos, chimpanzés e gibões.
Local ou Habitat: Intestino grosso e, por vezes, fígado

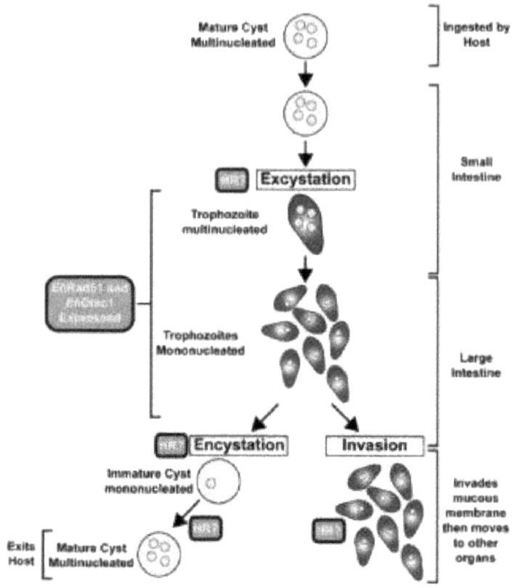

Fig. 198 Ciclo de vida de *Entabomae histolytica*

Material para diagnóstico: Fezes
Estágio e descrição: Trofozoíto e cisto

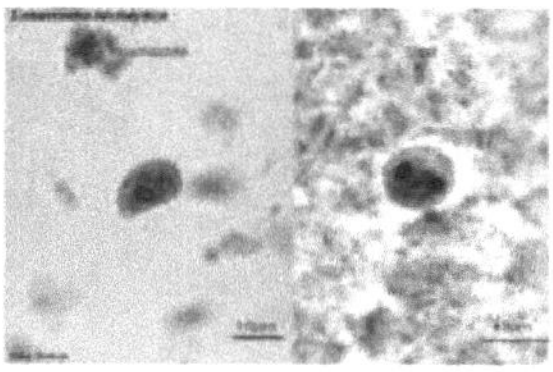

Fig. 199 Trofozoíto e cisto

Doença: *Giaridíase*
Agente causador: *Giaridia sp.*
Hospedeiros afectados: Macacos, porcos, periquitos, equídeos, cães e gatos
Local ou Habitat: Intestino delgado

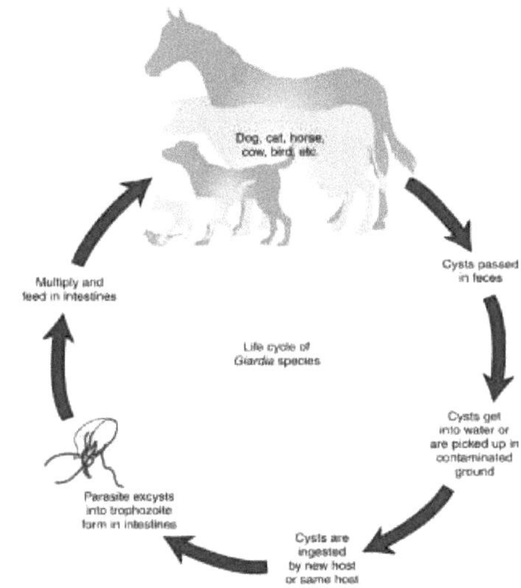

Fig. 200 Life cycle of : *Giaridia sp.*

Material para diagnóstico: Fezes
Estágio e descrição: Trofozoíto e cisto

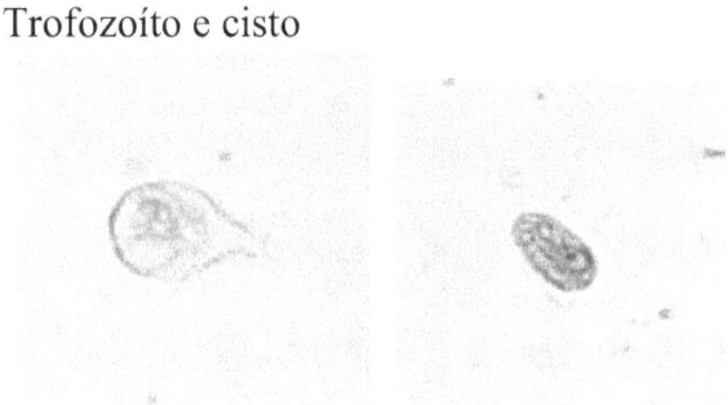

Fig. 201 *Giaridia sp.* Trofozoíto e cisto

Doença: *Balantidíase*
Agente causador: *Balantidium coli*
Hospedeiros afectados: Chimpanzé, macaco, porcos selvagens e humanos
Local ou Habitat: Ceco e Cólon

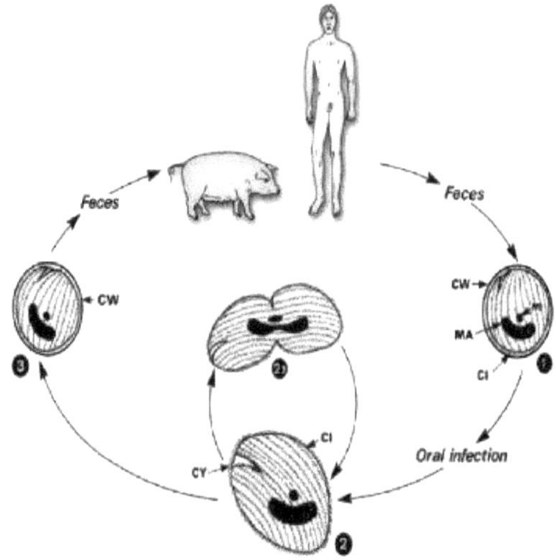

Fig. 202 Ciclo de vida de *Balantidium coli*

Material para diagnóstico: Estrume
Estágio e descrição: Quisto

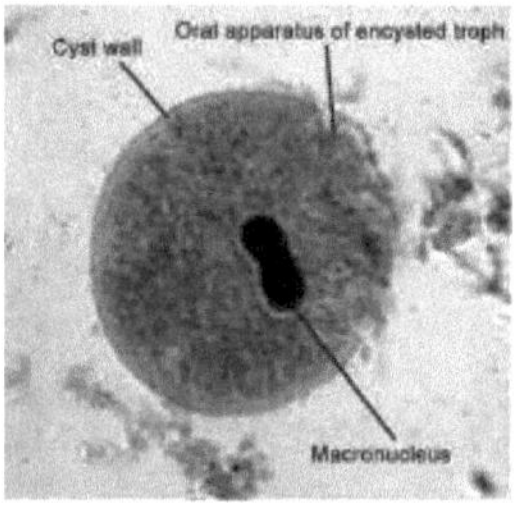

Fig. 203 Cisto de Balantidium coli

Doença: Coccidiose
Agente causador: *Eimeria sp.*
Hospedeiros afectados: Bovídeos, Cervídeos
Local ou Habitat: Intestino delgado
Ciclo de vida:-

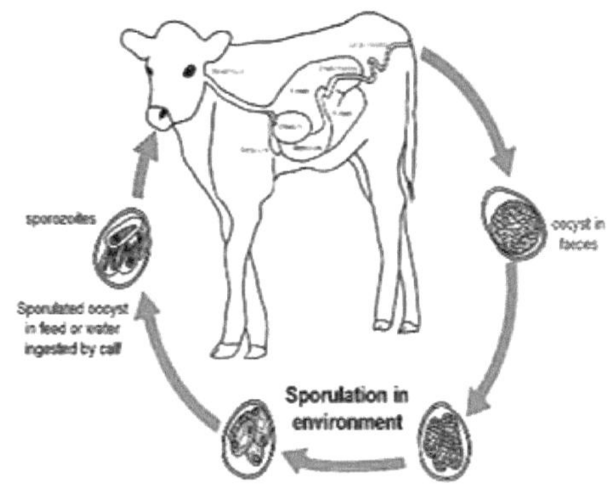

Fig. 204 Ciclo de vida de *Eimeria sp.*

Material para diagnóstico: Fezes **Estádio e descrição:** Oócito

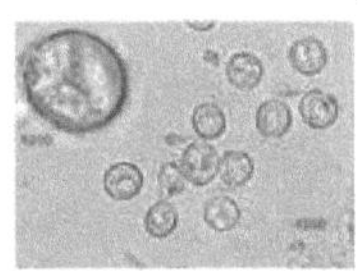

Fig. 205 Eimeriasp. Oocisto

Doença: Sarcocistose

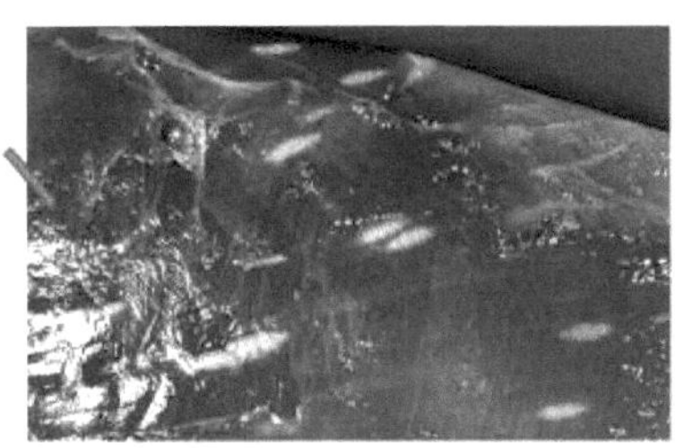

Fig. 206 Sarcocistos macroscópicos

Agente causador: sarcocistos macroscópicos e espécies zoonóticas (*Sarcocystis hominis* e *S suihominis*).

Hospedeiros afectados: Cervídeos, Bovídeos e Cervídeos

Sítio ou Habitat: músculo

Ciclo de vida

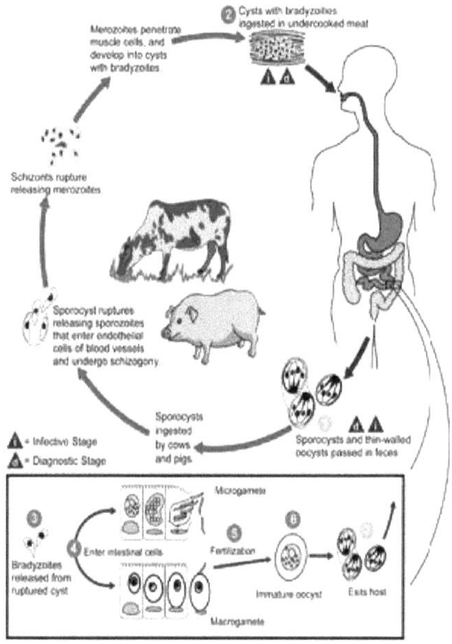

Fig. 207 Ciclo de vida dos sarcocistos

Material para diagnóstico: Estrume

Estágio e descrição: Cisto

2. ARTRÓPODES CRAVOS EXTERNOS <u>*Larvas de mosca nasal*</u>

Larvas de mosca nasal em veados

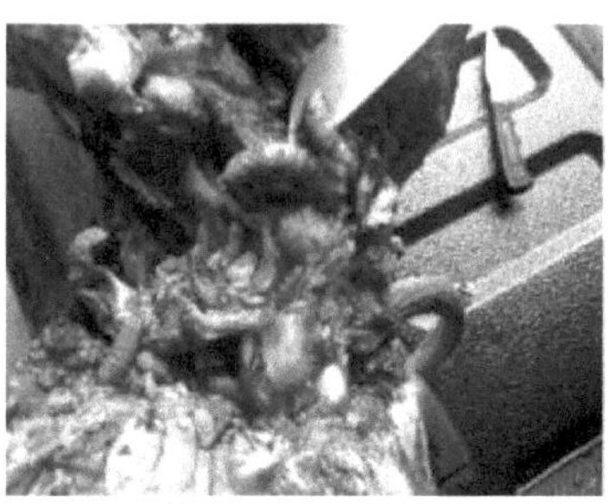

Fig. 208 Larvas de mosca nasal Fig. 209 Mosca adulta *Cephenemyia*

As larvas de mosca nasal são um dos parasitas mais frequentemente encontrados nos veados,

Local: vias nasais

Bots nasais

As larvas de moscas do género *Cephenemyia* vivem nas passagens nasais e nas bolsas retrofaríngeas dos veados. A mosca adulta deposita um pacote de ovos na pele do veado à volta do nariz ou da boca. O veado lambe o pacote de ovos e as larvas são libertadas na boca do veado. As larvas crescem dentro das passagens nasais do veado.

As larvas maduras caem no chão e transformam-se em pupas no solo. Os caçadores encontram estas larvas (bots nasais) quando preparam e abatem os veados. As larvas nasais não são prejudiciais para o veado e não tornam a carne imprópria para consumo

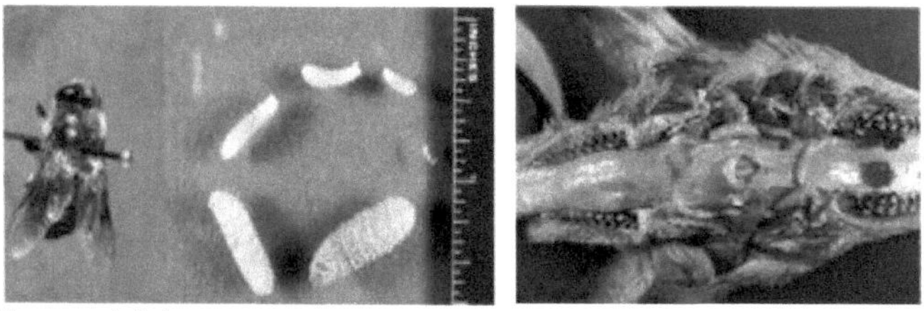

Fig. 210. Moscas nasais/faríngeas

Bots nasais/faríngeos (Oestrinae)

As moscas do nariz e da faringe são moscas de tamanho médio a grande e de corpo pesado. Geralmente, os adultos são pouco pilosos (por exemplo, *Oestrus*); no entanto, alguns géneros são densamente peludos (por exemplo, *Cephenemyia*).

Moscas Warble (Hypodermatinae)

Os machos juntam-se em locais de agregação distintos, mas, ao contrário das Oestrinae ou Cuterebrinae, estas moscas não procuram pontos altos.

IMPORTÂNCIA DOS SONS DOS MAMÍFEROS

O impacto da miíase dos oestrídeos na saúde e na produtividade dos mamíferos selvagens não está, com raras excepções, particularmente bem definido. Os efeitos traumáticos e letais observados na sequência de miíases causadas por *Cochliomyia hominovorax* (lagarta-das-rochas), *Neobellieria citellivora* (parasita do esquilo terrestre de Richardson) ou Wohlfahrtia spp. Ou *Wohlfahrtia* spp. não é comum nos oestrídeos. A sabedoria convencional sugere que os parasitas dos oestrídeos evoluíram com os seus hospedeiros durante longos períodos e que a relação evoluiu para um estado mais benigno. Estes parasitas nasais são inofensivos para os seres humanos, mas geralmente causam preocupação entre os caçadores quando são descobertos nas passagens nasais ou nas gargantas dos veados.

3. Doença dos ácaros:-.

Agente causador: Sarcopitces, demodex

Ciclo de vida:

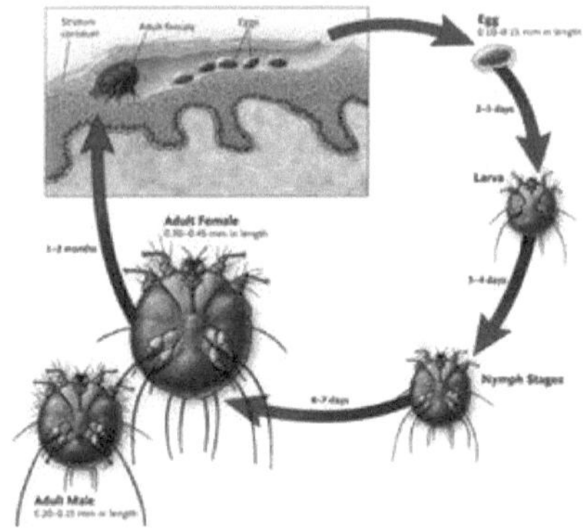

Fig.2011 Ciclo de vida

Material para diagnóstico: Raspagem de pele

Fase e descrição: Ovos, larvas e parasitas adultos

Fig. 212 Veado com sarna (*Sarcoptic scabiei*) e alce-touro

Fig.113 Veado de cauda branca com Demodex

Embora raramente sejam registadas em veados, várias variedades de ácaros causam doenças relacionadas, mas diferentes. Alguns tipos de ácaros infestam as orelhas dos veados e produzem uma crosta de cera no canal auditivo, chamada "sarna". A maioria dos veados não parece estar doente, mas uma infeção bacteriana secundária do ouvido interno pode acompanhar infestações pesadas, causando movimentos corporais descoordenados. A forte acumulação de crosta no canal auditivo pode também afetar a capacidade do animal para ouvir predadores ou veículos que se aproximam.

4. Carraças

Fig. 214 Carraças duras

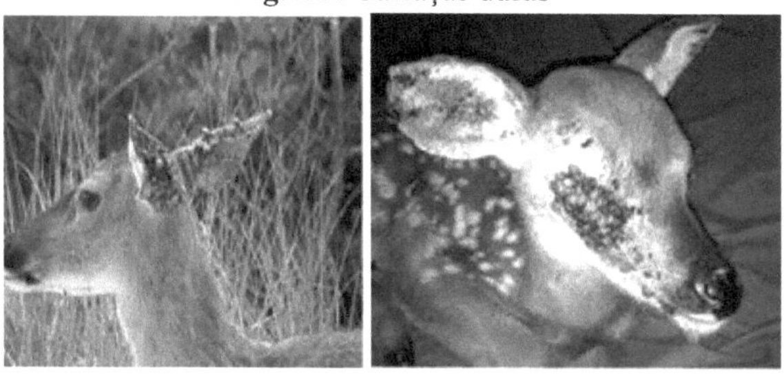

Fig. 115 Carraças duras em veados

A maior parte das pessoas reconhece as carraças porque são muito comuns. Algumas carraças completam o seu ciclo de vida com apenas um hospedeiro, enquanto outras podem necessitar de três anos e três animais hospedeiros diferentes. Por exemplo, a carraça de inverno desenvolve-se desde a fase larvar até à idade adulta no mesmo hospedeiro. Depois, a fêmea adulta acasala, toma uma grande refeição de sangue, cai, põe os seus ovos e morre. As carraças larvares ficam então adormecidas durante o verão e encontram o seu próprio hospedeiro no outono. Outras espécies utilizam pequenos mamíferos ou répteis como hospedeiros intermediários quando estão a desenvolver-se em três fases de vida (larva, ninfa e adulto).

Local:

As carraças fixam-se normalmente nas orelhas ou atrás delas, ao longo do pescoço, costas, peito e zona anal

Moscas dos piolhos

Fig. 216 Mosca do piolho

As moscas dos piolhos, por vezes chamadas "keds", são inofensivas para os veados e para os seres humanos.

São notadas pelos caçadores de veados e confundidas com carraças. No entanto, as moscas do piolho diferem das carraças porque têm apenas seis patas em vez de oito. As formas adultas das moscas do piolho eclodem no chão e as crias aladas voam em busca de um hospedeiro. Quando se encontra um hospedeiro adequado, a mosca do piolho pousa nele e, pouco depois, as suas asas caem. Este parasita vive e reproduz-se no veado, produzindo um único ovo de cada vez, que amadurece dentro da fêmea. A fêmea empurra então o ovo para fora, que cai no chão e eclode.

Pulgas e piolhos

As pulgas são por vezes detectadas nos veados, mas não causam mortalidade imediata. Os piolhos nativos são normalmente apenas uma fonte de irritação ligeira para os veados. Tal como a maioria dos parasitas, as espécies de piolhos que ocorrem nos veados não sobrevivem facilmente nos seres humanos. Uma vez que a causa era inicialmente desconhecida, foi-lhe dado o nome de "síndroma da queda de pelo", porque os veados mastigavam e coçavam tanto que o seu pelo caía em manchas. Verificou-se uma redução do recrutamento de crias e um aumento da mortalidade nas zonas mais afectadas. Nos últimos anos, esta síndrome parece estar a afetar menos veados.

Fig.217 Piolhos em veados

Existem três tipos de piolhos registados nos veados: um piolho sugador (*Solenopotes binipilosus*) e dois piolhos mastigadores (*Tricholipeurus lipeuroides* e *T.parallenus*). O piolho sugador alimenta-se do sangue do animal e os piolhos mastigadores alimentam-se da pele.

3. Tabanus

Nome comum "mosca-dos-cavalos".

Hospedeiros afectados:

Fig.218 "moscas-dos-cavalos"

Importância:

Como vectores de doenças

Os tabanídeos são vectores conhecidos de algumas doenças bacterianas, virais, protozoárias e parasitárias dos mamíferos transmitidas pelo sangue, como o vírus da anemia infecciosa equina e várias espécies de *Trypanosoma* que causam doenças nos animais e nos seres humanos. As espécies do género *Chrysops* transmitem o verme filarial parasita *Loa loa* entre os seres humanos, e sabe-se que os tabanídeos transmitem o carbúnculo entre o gado bovino e ovino e a tularemia entre os coelhos e os seres humanos

Mosca Lipopetena cervi

Fig. 219 Lipoptena cervi, a **mosca-dos-cervos**, é uma espécie de mosca mordedora da família dos piolhos, Hippoboscidae

Hospedeiros afectados:

O veado vermelho, o alce, o corço, o gamo e o veado almiscarado siberiano são os hospedeiros nativos desta mosca. Nos Estados Unidos, adquiriu hospedeiros como o alce, o veado de cauda branca e a rena. Existem registos de mordeduras em humanos, cães e texugos e, ocasionalmente, a mosca pode infetar o hospedeiro errado.

Mordidela:

Anaplasma phagocytophilum, uma bactéria Gram-negativa, obrigatoriamente intracelular, que causa a anaplasmose, foi detectada em *L. cervi*, assim como *Borrelia burgdorferi*, o agente causador da doença de Lyme, mas ainda não se sabe se o inseto pode servir de vetor.

Os cavalos podem desenvolver cólicas após uma mordedura. Os cães que são mordidos podem desenvolver uma dermatite moderada a grave. E *a L. cervi* pode provocar *Bartonella*

schoenbuchensis de veados mordedores. No entanto, muito permanece desconhecido sobre o potencial da ked para representar uma ameaça médica ou veterinária.

Larva de Cobbolodia

Fig.220 Cobboldia

Cobboldia é um género de moscas parasitas da família Oestridae. As moscas adultas da *Cobboldia elephantis* põem os seus ovos perto da boca ou da base das presas do elefante asiático, enquanto a *Cobboldia loxodontis* (=Platycobboldia *loxodontis*) parasita os elefantes africanos. As larvas eclodem e desenvolvem-se na cavidade bucal, passando depois para o estômago. Quando amadurecem, as larvas de terceiro instar saem da boca e caem no chão para se transformarem em pupas. Uma espécie fóssil *de Cobboldia russanovi* é conhecida a partir dos restos congelados de mamutes. *Cobboldia roverei* Gedoelst, 1915 (=Rodhainommia *roverei*, a mosca verde do estômago de elefante) foi registada no elefante da floresta africana

Hospedeiros afectados: Elefante

PARTE VI

ZOONOSES DE ANIMAIS SELVAGENS

As zoonoses são infecções naturalmente transmissíveis direta ou indiretamente entre animais e seres humanos. Os animais domésticos, os animais de criação, os animais selvagens ou os roedores, como os ratos e as ratazanas, que podem ou não ser afectados, são portadores de doenças zoonóticas.

Os seres humanos podem ser expostos a organismos zoonóticos diretamente, através do contacto com animais ou produtos animais contaminados, ou indiretamente, através do consumo de água potável e alimentos contaminados ou através do contacto com um ambiente contaminado, como as caixas de areia das crianças e a água da piscina. Insectos como os mosquitos, piolhos, pulgas ou carraças transmitem algumas doenças. Chamamos a este inseto ou carraça um "vetor" (da palavra latina para portador).

As zoonoses que têm como reservatório a fauna selvagem representam um importante problema de saúde pública, afectando todos os continentes. Estão envolvidos centenas de agentes patogénicos e muitos modos de transmissão diferentes, e muitos factores influenciam a epidemiologia das várias zoonoses. A importância e o reconhecimento da fauna selvagem como reservatório de zoonoses estão a aumentar. A prevenção e o controlo eficazes em termos de custos destas zoonoses requerem uma abordagem interdisciplinar e holística e a cooperação internacional. A vigilância, a capacidade laboratorial, a investigação, a formação e educação e a comunicação são elementos-chave.

Vias de transmissão

Ingestão

A ingestão de alimentos ou água contaminados também constitui uma via eficaz para um agente patogénico zoonótico atravessar a barreira das espécies, por exemplo. *Toxocara* spp. e *Toxoplasma gondii.*

Contacto direto

As lesões físicas da pele ou dos tecidos do corpo podem dar origem a feridas abertas que podem funcionar como uma janela para a transferência de parasitas oportunistas, por exemplo, a sarna

Vectores

A transmissão de agentes patogénicos zoonóticos pode também ser causada pelo envolvimento de espécies vectoras, nomeadamente pulgas, mosquitos, piolhos e carraças.

Factores que influenciam a epidemiologia das zoonoses com um reservatório de animais selvagens

As alterações ecológicas que influenciam a epidemiologia das zoonoses que têm como reservatório um animal selvagem podem ser de origem natural ou antropogénica. Estas incluem, mas não se limitam a, expansão e invasão da população humana, reflorestação e outras alterações do habitat, poluição e alterações climáticas.

Os roedores selvagens também constituem um reservatório de alguns parasitas cestódeos. Os parasitas são libertados nos excrementos e na saliva, e os seres humanos são principalmente infectados pelo contacto com estes roedores. Devido às alterações climáticas, com o aumento da precipitação nos últimos anos, a abundância de hospedeiros e, por conseguinte, a propagação do agente patogénico, aumentou, com a subsequente transmissão aos seres humanos.

O movimento de agentes patogénicos, vectores e hospedeiros animais é outro fator que influencia a epidemiologia das zoonoses com um reservatório na fauna selvagem. Esse movimento pode, por exemplo, ocorrer através de viagens e comércio humanos, pelo movimento natural de animais selvagens, incluindo aves migratórias, e pelo movimento antropogénico de animais.

A deslocação de animais selvagens e domésticos infectados é um fator importante para o aparecimento de parasitas da emersão em novos locais.

A epidemiologia da equinococose multilocular, causada pela pequena ténia *Echinococcus multilocularis*, também tem sido influenciada pela translocação de animais. Os principais hospedeiros são os canídeos, especialmente as raposas; os hospedeiros intermédios são os pequenos roedores. Os seres humanos podem tornar-se hospedeiros intermédios acidentais, através da ingestão de ovos. A equinococose multilocular ocorre em grande parte do Hemisfério Norte. Em 1999, *a E. multilocularis* foi detectada pela primeira vez na Noruega, no arquipélago de Spitzbergen (*10,22*). O parasita propagou-se muito provavelmente a partir da Rússia, através do movimento natural do principal hospedeiro, a raposa do Ártico. O estabelecimento do parasita foi possível porque o hospedeiro intermediário, a ratazana irmã, tinha sido previamente translocado para Spitzbergen, muito provavelmente através da importação de alimentos para animais. Em Copenhaga, na Dinamarca, em 2000, foi detectada *E. multilocularis* numa raposa vermelha morta pelo tráfego.

O comportamento humano e os factores demográficos podem também influenciar a epidemiologia das zoonoses com um reservatório na fauna selvagem. As caminhadas, o campismo e a caça são actividades que podem representar factores de risco para a aquisição de determinadas zoonoses com reservatório na fauna selvagem, por exemplo, zoonoses transmitidas por carraças e tularemia. Os hábitos alimentares também podem desempenhar um papel importante. Por exemplo, comer carne de animais exóticos, como o urso, aumenta o risco de contrair triquinose

TREMÁTODES ZOONÓTICOS DA FAUNA SELVAGEM

1-Fasciola *gigantica* (Cobbold, 1855) foi originalmente descrita em girafas da África subsariana e mais tarde observada em ruminantes domésticos no Senegal. É o trematódeo mais comum em ruminantes domésticos em África e é responsável pela maioria das lesões hepáticas em animais selvagens.

A doença no homem: O efeito da fasciolíase na saúde humana depende da carga parasitária e da duração da infeção. A migração de fasciolas jovens através da parede intestinal e da cavidade peritoneal não causa manifestações clínicas, mas a sua viagem final através do parênquima hepático pode levar a lesões traumáticas, necróticas e inflamatórias, cuja gravidade depende do número de parasitas. Nas vias biliares, o

Fasciola adulto produz inflamação e fibrose pericanalicular lesões traumáticas, necróticas e inflamatórias, cuja gravidade depende do número de parasitas. Nos canais biliares, *a Fasciola* adulta produz inflamação pericanalicular e fibrose.

A doença em animais: A fasciolíase é uma doença dos herbívoros. Os ovinos são as espécies domésticas mais susceptíveis, seguidos pelos bovinos. A doença tem uma forma aguda e uma forma crónica (Soulsby, 1982). A forma aguda ocorre quando a ovelha ingere um grande número de metacercárias de uma só vez, com a consequente invasão de uma multidão de parasitas jovens no parênquima hepático. Os parasitas em migração destroem o tecido hepático, causando hemorragias, hematomas, túneis necróticos e inflamação periférica. Em infecções maciças, os ovinos afectados podem morrer subitamente sem quaisquer manifestações clínicas, ou podem apresentar fraqueza, perda de apetite e dor.

2- As principais espécies de **Schistosoma** que foram notificadas tanto na fauna selvagem como nos seres humanos em África são ***Schistosoma mansoni, Schistosoma haematobium, Schistosoma intercalatum e Schistosoma , S. mansoni*** em seis géneros de roedores (Schwetz, 1956), que servem como uma via potencial de infeção zoonótica nos seres humanos, especialmente entre os trabalhadores com baixos rendimentos e os habitantes das zonas rurais

A doença no homem: Cerca de 90% das infecções por esquistossomas no homem são assintomáticas. No entanto, alguns doentes sofrem de anomalias respiratórias agudas com sinais radiográficos e sintomas inespecíficos semelhantes aos da gripe

Na infeção por ***S. mansoni***, as principais lesões encontram-se na parede intestinal. Com o tempo, espalham-se para o fígado e produzem fibrose interlobular e hipertensão portal, ascite e esplenomegalia

Os sintomas da doença causada por ***S. japonicum*** são semelhantes aos causados por *S. mansoni*, mas são normalmente mais graves, o período de incubação é mais curto e as lesões iniciais estão normalmente localizadas no intestino delgado e não no cólon. A fibrose intestinal e hepática desenvolve-se muito mais rapidamente porque *o S. japonicum* põe mais ovos.

A doença nos animais: As espécies que são mais patogénicas para os ruminantes domésticos são *S. bovis* e *S. japonicum. O S. mattheei* e *o S. spindale* são menos patogénicos e, por vezes, o primeiro é eliminado espontaneamente com o tempo

CESTODES ZOONÓTICOS DA VIDA SELVAGEM Os casos notificados de cestodes zoonóticos da vida selvagem em África são as espécies Taenia, **Echinococcus**, Bertiella, Diphyllobothria, Inermicapisifer, Raillietina, Hymenolepis e Spirometra

Os metacestodes de espécies de **Taenia** são por vezes encontrados, dependendo da extensão do seu contacto com humanos e carnívoros selvagens. Foram registados cisticercos de ***T. solium, T. hydatigena, T. crocutae, T. hyaena e T. regis*** (Boomker, Horak & Flamand, 1991) em animais selvagens e seres humanos

Doenças em animais

A doença é rara. Normalmente, os animais infectados não apresentam sinais clínicos aparentes. Por vezes, pode ocorrer irritação perianal em resultado da passagem das proglótides. Isto pode causar "patinagem" ou mastigação no ânus.

Doenças em seres humanos

As infecções com *Taenia* spp. adultas são geralmente assintomáticas. Nalguns casos, podem ocorrer sintomas gastrointestinais ligeiros e não específicos, como náuseas ou dores abdominais. As proglótides podem ser eliminadas de forma intermitente e observadas nas fezes. A doença cística pode ocorrer quando um ser humano ingere inadvertidamente um ovo de *Taenia* spp. As manifestações clínicas dependem da localização e do tamanho dos quistos

Espécies de Echinococcus

A estirpe de Echinococcus que se encontra nos leões é a ***Echinococcus granulosus*** felidis e infecta os leões e outros felídeos, enquanto a Echinococcus granulosus infecta os canídeos. Foi relatado que muitos carnívoros selvagens, como os chacais de dorso negro (Canis mesomelas), os cães selvagens africanos (Lycaon pictus), as hienas (Hyaena hyaena) e os leões são reservatórios de espécies adultas de Echinococcus (Young, 1975), permitindo ciclos silváticos mais alargados.O E. granulosus é uma ténia com nove genótipos que habita o intestino delgado dos canídeos, enquanto ***o Echinococcus multilocularis*** infecta raposas, guaxinins e pequenos roedores.

Doenças em animais

Hospedeiros intermediários :' Os sintomas geralmente não aparecem e os animais domésticos permanecem assintomáticos durante toda a sua vida, mas a doença causa perdas económicas significativas na maioria dos animais destinados à produção de alimentos na altura do abate devido à condenação dos órgãos infectados. Os quistos hidáticos de grandes dimensões podem causar sintomas nos animais devido à atrofia por pressão do órgão afetado. Os quistos encontram-se principalmente no fígado e nos pulmões, mas podem estar presentes no baço, no coração, nos rins e noutros órgãos.

Doenças em animais

Os seres humanos podem ser infectados após a ingestão acidental de ovos do parasita libertados nas fezes do hospedeiro/animal carnívoro definitivo. Dependendo do parasita envolvido, podem ocorrer três tipos de doença nos seres humanos (OMS e OIE 2001).

Equinococose cística (EC): A doença ocorre devido ao metacestode de E. granulosus. A equinococose cística é um problema de doença importante em muitas partes do mundo

Equinococose alveolar (EA): A doença ocorre devido ao metacestode de E. multilocularis e produz hidatidose alveolar. Embora rara, a doença é maligna e altamente fatal nos seres humanos infectados. Os sinais inespecíficos incluem anorexia, perda de peso e fraqueza. Outros sinais dependem da localização da(s) hidatide(s) e da pressão exercida sobre os tecidos circundantes. A dor abdominal, as náuseas e os vómitos são normalmente observados quando as hidátides ocorrem no fígado. Se o pulmão for afetado, os sinais clínicos incluem tosse crónica, dor torácica e falta de ar. O quisto hepático manifesta-se por dor epigástrica, pressão nos canais biliares (iterícia). A rutura de um quisto hidático em consequência de um traumatismo ou de uma cirurgia é muito perigosa, pois pode provocar um choque anafilático,

NEMÁTODOS ZOONÓTICOS DA FAUNA SELVAGEM

Os parasitas nemátodes zoonóticos da fauna selvagem em África incluem as espécies Trichinella, Toxocara, Logochilascaris, Strongyloides, Armillifer, Dirofilaria, Ancylostoma, Capillaria, Porrocaecum, Ophidascaris, Travassoascaris, Polydelphis e Kalicephalus.

A Toxocara canis foi registada em raposas e chacais, ao passo que ***a Toxocara cati*** em gatos civetas (Civettictis chacais) e a Toxocara cati em gatos civetas (Civettictis civetta) provoca larva migrans cutânea e larva migrans visceral, respetivamente, com ligeiros sinais de toxocaríase neurológica. É um parasita zoonótico infantil bem conhecido em África, causando uma infeção acidental nos seres humanos quando há contacto ou ingestão de ovos embrionados. A infeção é comum entre as pessoas com baixos níveis de educação, pobreza e ocupações em contacto com o solo.

O Strongyloides stercoralis é um parasita transmitido pelo solo, responsável por uma pesada carga parasitária nos seres humanos, na vida selvagem e nos animais domésticos. Os primatas, como os macacos, são hospedeiros definitivos vitais, com os seres humanos e os cães a causarem graves preocupações zoonóticas.

Doenças em animais:

A infeção é geralmente inaparente e a doença clínica está largamente confinada a canis de criação, abrigos e lojas de animais. Podem surgir diarreia, pneumonia, dermatite e perda de peso, mas são geralmente ligeiras em cães adultos imunocompetentes. Os sinais clínicos ocorrem mais frequentemente em cães jovens. A doença disseminada pode ocorrer em cães imunocomprometidos e em cachorros. A doença em gatos é rara.

Doença em seres humanos:

A maioria das infecções é assintomática. A doença clínica, quando presente, pode ser o resultado de invasão cutânea ou migração sistémica. A doença em indivíduos imunocompetentes começa mais frequentemente como uma erupção cutânea localizada, pruriginosa e eritematosa no local de penetração das larvas. Podem ser observados rastos serpiginosos (larva currens) que avançam a uma velocidade de 10 cm/hora. Após vários dias, pode desenvolver-se uma pneumonite transitória à medida que as larvas migram para os pulmões. A síndrome de hiperinfecção ocorre como resultado da "autoinfeção acelerada" das larvas lariformes.

Toxocaríase (larva migrans visceral e larva migrans ótica)

Doença em animais

Toxocara canis e *T. cati* são lombrigas do cão e do gato, respetivamente, e encontram-se em animais de todo o mundo. O principal reservatório zoonótico são as infecções latentes em cadelas e gatas que são reactivadas durante a gravidez.

Transmissão

A T. canis é transmitida principalmente de um animal selvagem para outro animal e do animal para o ser humano através da ingestão de material infetado com ovos encistados. Também é possível a transmissão indireta através de um hospedeiro intermediário. Invulgarmente nos cães, a transmissão da cadela para os cachorros é possível através da placenta e do leite. O ciclo de vida da *T. cati* é semelhante, embora a transmissão através da placenta não tenha sido demonstrada e se acredite que não ocorra.

No ciclo direto, os ovos são transmitidos com as fezes do cão; estes ovos têm um período de latência variável antes de se tornarem infecciosos. Os ovos de *Toxocara* spp. são extremamente resistentes aos danos e à dessecação e podem permanecer viáveis e infecciosos no solo durante muitos anos. Os ovos podem também desenvolver-se em larvas infecciosas em condições adequadas. Os ovos são esféricos e têm 75-90 Im de tamanho. Uma vez que os ovos maduros ou as larvas jovens são ingeridos em matéria contaminada com fezes, eclodem ou amadurecem através da primeira fase larvar no intestino delgado. O segundo estádio larvar (L2) penetra na parede do intestino e entra no sistema linfático e depois na corrente sanguínea. A migração continua através do coração e dos pulmões. Nos pulmões, as larvas fazem a muda para o terceiro estádio larvar (L3). As larvas L3 migram pela traqueia e são ingeridas pela segunda vez. De volta ao intestino delgado, ocorre a muda final e os vermes adultos acasalam e produzem ovos, e o ciclo começa novamente. Em contrapartida, no ciclo de vida indireto, é necessário um hospedeiro intermediário, que normalmente são pequenos roedores no caso da *Toxocara* spp. Estes ingerem oocistos viáveis que eclodem subsequentemente no intestino delgado. Quando as larvas atingem L2, migram e penetram no tecido muscular. Um cão ou um gato que coma posteriormente o roedor infetado ficará infetado com as larvas encistadas. Uma vez no intestino, as larvas migram então para os tecidos do cão ou do gato. Rapidamente voltam a um estado de dormência. Numa cadela ou rainha, as larvas dormentes tornam-se activas durante o final da gravidez. Subsequentemente, algumas larvas migram para o intestino delgado e outras migram para as crias em gestação nos cães. O ciclo recomeça então, de forma direta ou indireta no cão e de forma indireta no gato. Existem alguns indícios nos gatos de que a reinfeção pode resultar do facto de os gatos se limparem a si próprios ou aos seus gatinhos.

Doença em humanos

A infeção é adquirida através da ingestão de ovos encistados (oocistos) no solo contaminado com fezes de gato ou de cão. Os ovos eclodem e as larvas penetram na parede intestinal e migram através dos tecidos do corpo. Na maioria dos casos, as infecções por Toxocara não são graves e muitas pessoas, especialmente os adultos infectados por um pequeno número de larvas, podem não notar quaisquer sintomas. Os casos mais graves são raros, mas são mais prováveis de ocorrer em crianças pequenas que brincam frequentemente na terra ou comem terra. Os seres humanos são um hospedeiro sem saída para a *Toxocara* spp. na medida em que as larvas que eclodem de quaisquer ovos ingeridos não podem progredir até à maturidade completa.

Existem duas condições reconhecidas como afectando os hospedeiros humanos: a larva migrans visceral e a larva migrans ocular.

Larva migrans visceral

A larva migrans visceral ocorre quando as larvas eclodidas migram através do corpo do indivíduo afetado. As larvas podem continuar a migrar durante até 6 meses. Acabam por se alojar em vários órgãos, sobretudo nos pulmões e no fígado e, menos frequentemente, no cérebro, nos olhos e noutros tecidos, onde produzem granulomas eosinofílicos com até 1 cm de diâmetro. A migração pode resultar em abcessos múltiplos, hepatomegalia e pneumonite. Os sintomas incluem tosse, náuseas, vómitos e febre, pieira, esplenomegalia e linfadenopatia. A fase aguda pode durar 2-3 semanas, mas a resolução de todos os achados físicos e laboratoriais pode demorar até 18 meses.

Larva migrans ocular

A larva migrans ocular é uma forma rara de larva migrans visceral que pode causar cegueira. A larva migrans entra no olho, encapsula-se e provoca uma reação inflamatória localizada com a produção de tecido cicatricial (granuloma) na retina, que pode ser confundida com retinoblastoma. Em alguns casos, a larva pode reemergir e mover-se dentro da estrutura do olho mais tarde na vida.

As pessoas afectadas podem sofrer uma perda permanente ou parcial da visão. Ocorrem graus variáveis de inflamação ocular, e as manifestações mais graves da larva migrans ocular podem exigir uma terapia agressiva para evitar sequelas graves, como glaucoma e cegueira.

Tratamento

O tratamento baseia-se na terapia anti-helmíntica com tiabendazol, mebendazol e ivermectina em doses clínicas normais, tanto para adultos como para crianças. Podem ser utilizados concomitantemente corticosteróides, antibióticos, anti-histamínicos e analgésicos para alívio sintomático. A forma ocular pode exigir vitrectomia com tratamento laser adjuvante se as terapias medicamentosas não forem eficazes.

A atual BNF não contém recomendações e o tratamento é normalmente iniciado por especialistas dos cuidados secundários.

Prevenção

A prevenção da larva migrans nos seres humanos envolve uma combinação de higiene e vigilância humanas, controlo de cães e gatos vadios (sempre que possível) e controlo de parasitas nos animais de estimação. Devem ser adoptadas as seguintes medidas de higiene:

- As crianças e os adultos devem sempre lavar bem as mãos com água e sabão depois de brincarem com animais de estimação e depois de actividades ao ar livre, especialmente antes de comerem.
- As crianças devem ser ensinadas a não comer terra ou areia.
- O tratamento periódico regular de desparasitação de cachorros, gatinhos, cadelas e gatas grávidas e lactantes evitará a aquisição e a disseminação do parasita.
- As áreas de recreio e os parques de areia utilizados pelas crianças devem ser protegidos para reduzir a contaminação por fezes de animais.
- As zonas que se pensa estarem contaminadas com ovos podem ser desinfectadas com luz ultravioleta ou por queimadura.

Ancilostomíase

Ancilostomíase; larva migrans cutânea; erupção rasteira

Os ancilostomídeos *Ancylostoma duodenale, A. braziliense, A. caninum* e *Necator americanus* estão associados a duas condições clínicas que afetam os seres humanos: a ancilostomíase e a larva migrans cutânea. Os vermes adultos são encontrados no intestino de cães e gatos e os ovos são passados nas fezes para o solo.

Em condições de solo adequadas, os ovos permanecem viáveis durante períodos consideráveis. Uma vez eclodidos, os ovos produzem larvas que passam por duas mudas larvares no solo. Ao atingirem o terceiro estádio larvar, tornam-se infecciosas. Podem penetrar na pele humana intacta, geralmente na base de um folículo piloso, ou são ingeridas através do consumo de alimentos ou água contaminados. As larvas começam então a migrar.

O tipo de migração após a infeção é determinado pela espécie envolvida e é classificado pelos sinais clínicos observados.

Ancilostomíase

Na ancilostomíase, as larvas começam a migrar por penetração profunda nos tecidos e por trânsito através dos vasos sanguíneos até aos pulmões. Em seguida, penetram nos sacos alveolares e migram através dos brônquios e da traqueia, onde são engolidas para o lúmen do intestino.

O nome do ancilóstomo deve-se à forma e à estrutura das suas peças bucais, que facilitam a sua fixação aos vasos sanguíneos no intestino do hospedeiro, do qual se alimentam abundantemente. Uma vez no intestino, atingem entre 5 e 100 mm de comprimento e, em infestações pesadas, podem causar anemia. Os vermes produzem e segregam hialuronidase para que, no seu local de fixação, possam continuar a alimentar-se livremente. Mesmo depois de perderem a sua fixação ou de serem mortos pela utilização de um anti-helmíntico, pode ocorrer uma perda contínua de sangue devido à presença de hialuronidase residual e ao seu efeito anticoagulante. O verme amadurece no intestino e depois produz ovos, que são eliminados nas fezes. Não é claro se algumas espécies podem ou não completar o seu ciclo de vida nos seres humanos, ou se apenas podem atingir a maturidade noutras espécies.

Doença em humanos

Os sintomas de infeção nos seres humanos podem incluir pneumonia relacionada com os danos causados pelos vermes migratórios, anemia, náuseas, vómitos, dores abdominais, diarreia com sangue ou sangue nas fezes e fraqueza generalizada geralmente associada à anemia.15 Algumas larvas podem penetrar noutros órgãos ou estruturas para além dos pulmões. Foram encontradas larvas na córnea, no fígado e no baço. Nos cães, a transferência materna para os cachorros é observada através do leite ou da placenta; este facto nunca foi documentado nos seres humanos.

Tratamento

Uma vez que a anemia produzida por uma infeção por ancilóstomos é provavelmente o efeito mais grave nos seres humanos, pode ser necessária uma terapia com ferro em simultâneo com o tratamento anti-helmíntico. O *British National Formulary* (BNF) recomenda a utilização de mebendazol numa dose de 100 mg duas vezes por dia durante 3 dias.

Larva migrans cutânea ou erupção rasteira

Esta doença é causada pelo ancilóstomo *A. braziliense* do cão ou do gato e também, mais raramente, pelo *A. caninum*. É normalmente observada em zonas tropicais e subtropicais; devido à natureza da infeção e à sua etiologia, é frequentemente observada em viajantes que regressam de férias na praia. Muitas das praias públicas das Índias Ocidentais, da Índia e do Sri Lanka são conhecidas por serem fontes desta infeção. A apresentação é muito caraterística e o diagnóstico baseia-se no aspeto invulgar das lesões.

Doença em humanos

A doença é mais frequentemente observada em crianças, porque a sua pele é mais macia, especialmente nos pés. Os sinais clínicos começam após a penetração da pele pelas larvas infectantes de terceiro estádio, geralmente como resultado de andar descalço sobre areia ou solo contaminados. No local de entrada aparecem manchas avermelhadas e com comichão. Após 23 dias, as larvas começam a migrar através da camada germinativa da pele, deixando um rasto vermelho e pruriginoso com inchaço localizado. O rasto alarga-se vários milímetros por dia. Embora angustiante, a doença é geralmente auto-limitada, porque as larvas morrem rapidamente.

Embora normalmente se observe apenas um rasto, também são possíveis múltiplos rastros. No caso de múltiplas lesões, ou quando a lesão continua a avançar, e nos casos em que uma infeção secundária resulta do coçar, podem ser necessárias intervenções terapêuticas.

Tratamento

O tratamento utiliza preparações anti-helmínticas, com a utilização de ivermectina, albendazol ou tiabendazol por via oral.

PROTOZOÁRIOS ZOONÓTICOS DA FAUNA SELVAGEM

Toxoplasmose

A toxoplasmose é causada por um parasita protozoário intracelular, o *Toxoplasma gondii*, que pode infetar qualquer mamífero e está presente em todo o mundo. Representa uma ameaça bem publicitada para a saúde humana, especialmente para as mulheres grávidas, e é também um agente patogénico significativo em indivíduos imunocomprometidos. O organismo causador é transmitido por contacto e ingestão de material contaminado com cistos ou oocistos, especialmente alimentos ou água.

Doença em animais

A principal fonte de infeção são as fezes dos gatos ou os alimentos e a água contaminados com matéria fecal. Os hospedeiros definitivos do *T. gondii*, nos quais este pode completar o seu ciclo de vida e produzir oocistos sexuais, são os gatos, selvagens ou domesticados. Os gatos selvagens são reconhecidos como um reservatório significativo porque caçam e consomem roedores portadores da doença. Os gatos libertam oocistos nas fezes; estes tornam-se infecciosos após um período de 24 horas e podem permanecer infecciosos em condições ambientais adequadas durante mais de um ano.

As ovelhas e as cabras são o principal reservatório não felino, especialmente as ovelhas grávidas ou perinatais, e o seu leite não pasteurizado ou o queijo derivado do leite podem estar contaminados com o organismo. A infeção nos ovinos resulta do pastoreio em pastagens contaminadas com fezes de gato. Qualquer outro animal infetado actua então como hospedeiro intermediário.

Vias de transmissão da toxoplasmose.

Carne ou miudezas não cozinhadas Transmissão direta por contaminação fecal Reativação de infeção quiescente em idosos, pessoas imunocomprometidas ou grávidas Carne cozinhada

Transmissão

Num hospedeiro intermediário, o organismo eclode a partir de oocistos ingeridos e a forma invasiva ou taquizoíto dissemina-se ativamente nas estruturas celulares, onde prolifera e invade o corpo através da circulação sanguínea. Os quistos são então formados nos tecidos e órgãos, especialmente nos músculos, no coração e no cérebro. Os quistos estão cheios de bradizoítos, uma forma de maturação lenta que, se posteriormente ingerida por outro animal suscetível, pode progredir para a doença. Foi demonstrado que os cães, os bovinos, os suínos e os roedores sofrem da doença e actuam como reservatório. A carne de um animal infetado pode conter quistos viáveis; a manipulação ou o consumo de carne crua ou mal cozinhada pode conduzir à infeção. Para evitar a infeção, é necessária uma cozedura completa para matar os quistos antes do consumo de carne infetada. Foi demonstrada a infeção por transferência por fómites, pelo que as mulheres grávidas não devem manusear os fatos-macaco das pessoas envolvidas na parição, nem devem manusear ovelhas perinatais ou cordeiros recém-nascidos. Está disponível uma vacina viva para ovinos, e as mulheres grávidas são aconselhadas a evitar manusear a vacina ou qualquer ovino recentemente vacinado. O material contaminado contendo oocistos viáveis introduzido em cortes ou feridas abertas pode também atuar como um inóculo.

Doença em humanos

Embora a infeção seja comum nos seres humanos (alguns estudos indicam que mais de 50% dos adultos no Reino Unido e 22,5% da população nos EUA com mais de 12 anos de idade apresentam marcadores imunológicos), a doença grave é felizmente menos comum. As crianças ou os adultos infectados pela primeira vez podem apresentar uma linfadenopatia generalizada que é autolimitada e que se resolve ao fim de algumas semanas, deixando o indivíduo resistente à infeção, com um número possivelmente baixo de organismos encistados nos tecidos ou órgãos e marcadores serológicos persistentes. Uma vez infetado, um indivíduo pode ser portador dos quistos de forma assintomática até ocorrer a reativação, especialmente em doentes imunodeprimidos. Tal como nos animais, os quistos estão normalmente localizados no músculo esquelético, no coração ou no tecido cerebral. Se uma mulher tiver sido infetada anteriormente (normalmente durante a infância) com *Toxoplasma* spp. quando engravidar, o feto estará protegido pela imunidade da mãe. No entanto, se uma mulher grávida contrair toxoplasmose pouco antes ou depois da conceção, o feto corre um risco muito maior de infeção congénita na sequência de disseminação transplacentária. Em geral, quanto mais cedo na gravidez a doença ocorre, pior é o resultado, com aborto espontâneo, nado-morto ou danos visuais e no SNC, que se tornam visíveis após o parto, ou mais tarde. O recém-nascido pode apresentar hidrocefalia ou retinocondrite, que é uma doença inflamatória da retina e da coroide do olho. Também podem estar presentes nistagmo ou estrabismo, assim como calcificações cerebrais que podem precipitar convulsões e epilepsia. A mulher grávida em causa também pode pedir um teste, embora devam ser explicados os riscos e as limitações do teste. O teste pode demonstrar se a infeção é recente ou histórica e, em alguns casos, pode levar ao tratamento da mãe e do feto ou à interrupção da gravidez.

Nos doentes imunodeprimidos, a toxoplasmose pode causar uma doença prolongada com episódios agudos na sequência da reativação de uma infeção antiga ou de uma nova infeção. Inicialmente semelhante à febre glandular, os sintomas incluem dor de garganta, glândulas inchadas no pescoço, axilas e virilhas, dor de cabeça, febre, suores noturnos e dores esqueléticas e musculares generalizadas. Nos doentes com VIH, o desenvolvimento de toxoplasmose clínica é um dos marcadores da transição para a ARC. A reativação pode causar lesões inflamatórias no cérebro, provocando dores de cabeça, perturbações da coordenação, convulsões, perda de sensibilidade, tremores, perda de visão, alterações da personalidade, desorientação e coma. Podem também estar presentes abcessos no SNC. Numa nova infeção, a doença é rápida e grave, exigindo uma intervenção terapêutica rápida e completa.28 O agente patogénico pode também causar pneumonite grave e pode afetar a retina com consequente perda de visão e, em última análise, cegueira.

Diagnóstico

O diagnóstico em mulheres grávidas é normalmente feito através da análise de anticorpos específicos do agente patogénico em amostras de sangue. Quaisquer resultados positivos são confirmados por uma unidade de referência para o toxoplasma.

Também têm sido utilizados testes de reação em cadeia da polimerase (PCR) em amostras de tecidos e fluidos. Em doentes com SIDA/VIH, a análise de anticorpos não é considerada útil, porque apenas confirma a ocorrência de exposição e, como muitos casos são o resultado da reativação de quistos adormecidos, são necessários outros métodos para determinar o estado do indivíduo em relação à infeção ou à doença ativa. As amostras de biópsia do tecido cerebral podem detetar quistos, e a presença de taquizoítos é um sinal de doença ativa.

A tomografia computorizada, a ressonância magnética e as imagens radiográficas também podem ser utilizadas para detetar quistos no SNC e monitorizar a eficácia das intervenções terapêuticas.

AMEBIASIS

Hospedeiros de reservatórios: Pode incluir cães, porcos e macacos, e áreas subtropicais, sendo mais frequente nos países em desenvolvimento.

Ocorrência em animais: A infeção por *E. histolytica* é relativamente comum em primatas não humanos. O parasita foi isolado de cães e ratos e, ocasionalmente, de gatos e suínos naturalmente infectados;

A doença no homem: Amebíase

É particularmente comum em adultos jovens e pode manifestar-se por uma invasão do intestino delgado, do fígado ou, mais raramente, de outros tecidos. Na doença intestinal, o parasita invade os tecidos e produz pequenas úlceras na mucosa intestinal que se espalham por baixo, no tecido sub-mucoso, através de laysis. Os sintomas vão desde um ligeiro desconforto abdominal com diarreia mucosa com sangue, alternando com períodos de obstipação ou remissão, até uma disenteria aguda ou fatal com febre, arrepios e diarreia mucosa ou com sangue (disenteria amebiana).

BALANTIDIOSE

Etiologia

A doença ocorre devido ao *Balantidium coli.* É o maior protozoário ciliado e pode infetar suínos, primatas, o homem e, raramente, ratos, porquinhos-da-índia e cães.

Transmissão

Os suínos e os ratos são importantes fontes de infeção para os seres humanos (Esteban et al. 1998). A transmissão de homem para homem pode ocorrer devido a uma higiene pessoal/ambiental deficiente (Giacometti et al. 1997). Os primatas não humanos também podem transmitir a infeção. Os seres humanos actuam geralmente como portadores assintomáticos de B. coli (Esteban et al. 1998). A água ou os alimentos contaminados que contêm quistos constituem uma importante fonte de infeção para os seres humanos.

O Balantidium coli é transmitido através da via fecal-oral. Os seres humanos podem ser infectados ao comer e beber alimentos e água contaminados que tenham entrado em contacto com matéria fecal animal ou humana infetada. A infeção pode ocorrer de várias formas, incluindo os seguintes exemplos:

> Comer carne, frutas e legumes que tenham sido contaminados por uma pessoa infetada ou contaminados por matéria fecal de um animal infetado,

> Beber e lavar alimentos com água contaminada, ou

> Ter maus hábitos de higiene.

Sinais clínicos no homem

A maioria dos casos é assintomática. As manifestações clínicas, quando presentes, podem ser agudas ou crónicas com sintomas abdominais. Podem ocorrer complicações de diarreia ou disenteria associadas em infecções prolongadas. Os sintomas podem ser graves ou fatais em pessoas debilitadas/imunocomprometidas.

A infeção extra-intestinal é rara mas potencialmente grave e ocorre tipicamente secundária à infeção intestinal. Foram observados casos de peritonite e abcessos hepáticos após perfuração intestinal ou rutura de úlceras fulminantes do cólon. A invasão do trato urogenital pode ser causada por contaminação da região anal ou através de fístulas causadas por infeção grave.

A balantidiose pode, por vezes, assemelhar-se à amebíase intestinal. **A forma aguda** é reconhecida pelo rápido aparecimento de diarreia ou disenteria (Castro et al. 1983) e outros sinais como:

> *Cólicas abdominais*

> *Náuseas e vómitos.*

Na forma crónica:

> *Há episódios de diarreia intermitente que alternam com movimentos intestinais normais ou obstipação*

> *Podem também estar presentes outros sinais como dores de cabeça, anorexia, perda de peso ou fraqueza muscular*

Sinais clínicos em animais

O parasita é geralmente não patogénico ou causa doença assintomática em suínos ou primatas.

BLASTOCISTIOSE

Blastocystis hominis

Reservatório

A afirmação conclusiva de que *a Blastocystis* tem um reservatório animal depende de se desvendar a verdadeira natureza da sua transmissão.

Sintomas clínicos

Os sinais e sintomas possivelmente associados à blastocistose incluem:

> Diarreia aquosa

> Náuseas

> Dor abdominal

> Inchaço

> Excesso de gás

> Perda de apetite

> Perda de peso

> Comichão anal

> Fadiga

CRIPTOSPORIDIOSE

Sinónimo: Infeção *por Cryptosporidium.*

Fonte de infeção e modo de transmissão:

A infeção é transmitida através da ingestão de alimentos e água contaminados com matéria fecal de um indivíduo infetado, do contacto direto com fezes infectadas ou da ingestão de água de fontes contaminadas por efluentes de sistemas de esgotos ou de explorações pecuárias e outros animais selvagens.

A doença no homem: Em indivíduos com sistemas imunitários saudáveis, a criptosporidiose pode ser assintomática ou pode ocorrer como uma doença auto-limitada. A doença é caracterizada por diarreia aquosa profusa que começa de forma explosiva uma ou duas semanas após a infeção e dura geralmente 8 a 20 dias, frequentemente acompanhada de dores abdominais, náuseas, vómitos, febre baixa (inferior a 39°C) e perda de peso. Em indivíduos imunodeficientes

A doença nos animais: A criptosporidiose é bastante comum em bezerros jovens. A infeção aparece geralmente durante as três primeiras semanas de vida e afecta os animais entre os 3 e os 35 dias de idade. As manifestações clínicas são diarreia, tenesmo, anorexia e perda de peso. É difícil distinguir a diarreia causada pelo *Cryptosporidium* da diarreia causada por outros agentes

LEISHMANIOSE CUTÂNEA

Etiologia: A leishmaniose é causada por protozoários flagelados da família Trypanosomatidae, género *Leishmania.*

A doença nos animais:

No Velho Mundo, os cães e os animais selvagens são afectados pela *L. tropica*, que causa uma doença cutânea no homem

Causas:

A espécie endémica de Leishmania é a *Leishmania infantum* e a sua forma mais comum

Anfitrião:

Os cães são o principal reservatório da infeção canina e humana por *L. infantum*

A infeção em gatos, canídeos selvagens e cavalos (Fernandez-Bellon et al., 2006) também foi comunicada em áreas onde a doença é comum em cães, mas o papel destas espécies como reservatórios continua por esclarecer.

A doença no homem: A leishmaniose cutânea é uma doença polimorfa que pode afetar apenas a pele ou tanto a pele como as membranas mucosas. Manifesta-se inicialmente como lesões eritematosas com comichão, que mais tarde formam pápulas e depois úlceras indolores.

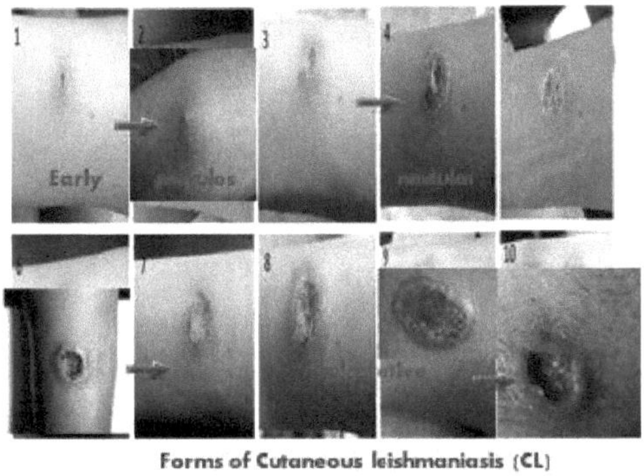

Amer et al, 2017

Fig.131 Formas de leishmaniose cutânea

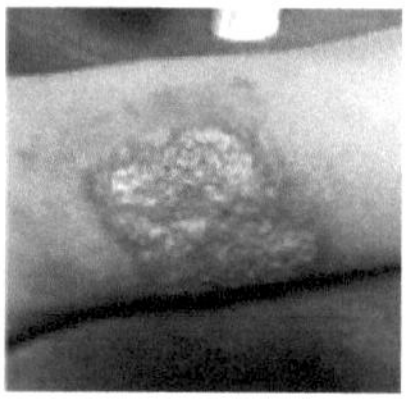 

Uma grande área eritematosa escamosa Aguda, tipo húmido Amer et al, 2017

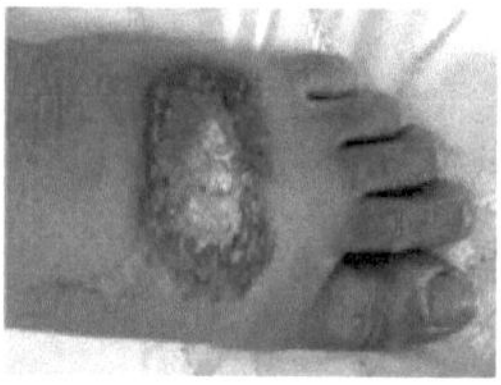 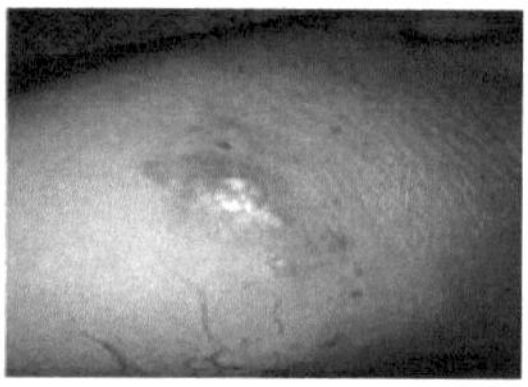

Cicatrização de tipo seco da perna com cicatriz

Todas as amostras foram recolhidas de pacientes dos Hospitais King Khalid e General Hail na cidade de Hail, KSA Amer et al, 2017

Todas as amostras foram recolhidas de pacientes dos Hospitais King Khalid e General Hail na cidade de Hail, KSA Amer et al, 2017

GIARDIASIS

Sinónimos: Lamblíase, enterite *por Giardia.*

Ocorrência em animais: A infeção foi confirmada numa grande variedade de espécies de mamíferos domésticos e selvagens.

A doença no homem: A maioria das infecções é subclínica. Nos indivíduos sintomáticos, o período de incubação é geralmente de 3 a 25 dias. A sintomatologia consiste principalmente em diarreia e inchaço, frequentemente acompanhados de dor abdominal. As náuseas e os vómitos ocorrem com menos frequência. A fase aguda da doença dura 3-4 dias. Em algumas pessoas, a giardíase pode ser uma doença prolongada, com episódios de diarreia e flatulência recorrentes, urticária e intolerância a determinados alimentos.

A doença nos animais: Tal como no homem, a infeção é geralmente assintomática. As manifestações da doença em cães e gatos também são semelhantes às do homem.

MALÁRIA

A malária é uma doença transmitida por mosquitos e causada por um parasita. As pessoas com malária têm frequentemente febre, arrepios e doenças semelhantes à gripe. Se não forem tratadas, podem desenvolver complicações graves e morrer. Em 2020, estima-se que tenham ocorrido 241 milhões de casos de malária em todo o mundo e que tenham morrido 627 000 pessoas, na sua maioria crianças na África Subsariana. Todos os anos, são diagnosticados cerca de 2.000 casos de malária nos Estados Unidos. A grande maioria dos casos nos Estados Unidos ocorre em viajantes e imigrantes que regressam de países onde a malária é transmitida, muitos deles da África Subsariana e do Sul da Ásia.

A malária é uma doença grave e por vezes fatal causada por um protozoário parasita que infecta habitualmente os seres humanos. As pessoas que apanham malária ficam normalmente muito doentes, com febres altas, arrepios e doenças semelhantes à gripe

Etiologia: Parasitas do sangue do género *Plasmodium*. Existem aproximadamente 156 espécies de *Plasmodium* que infectam várias espécies de vertebrados. Quatro espécies são consideradas verdadeiros parasitas do homem, uma vez que utilizam o homem quase exclusivamente como hospedeiro intermediário natural: *P. falciparum, P. vivax, P. ovale* e *P. malariae*. No entanto, há relatos periódicos de parasitas da malária símia encontrados em seres humanos, a maioria dos relatos implicando *P. knowlesi*. No momento em que este artigo foi escrito, não se determinou se *o P. knowlesi* está a ser transmitido naturalmente de humano para humano através do mosquito, sem o hospedeiro intermediário natural (macacos macacos, género *Macaca*). Por conseguinte, *a P. knowlesi* continua a ser considerada uma malária zoonótica.

A doença no homem: A malária humana causada por plasmódios de origem símia assemelha-se a uma infeção ligeira e benigna causada por plasmódios humanos. Os sintomas da malária não complicada podem ser bastante inespecíficos e o diagnóstico pode passar despercebido se os profissionais de saúde não estiverem atentos à possibilidade desta *doença. Uma vez que a malária não tratada pode progredir para formas graves que podem ser rapidamente* (<24 horas) fatais, a malária deve ser sempre considerada em doentes que tenham uma história de exposição (principalmente: viagens anteriores ou residência em áreas endémicas da doença). Os sintomas mais frequentes incluem febre e arrepios, que podem ser acompanhados de dores de cabeça, mialgias, artralgias, fraqueza, vómitos e diarreia. Outras caraterísticas clínicas incluem esplenomegalia, anemia, trombocitopenia, hipoglicemia, disfunção pulmonar ou renal e alterações neurológicas. A apresentação clínica pode variar substancialmente consoante a espécie infetante, o nível de parasitemia e o estado imunitário do doente. As infecções causadas por *P. falciparum* são as mais susceptíveis de evoluir para formas graves e potencialmente fatais com envolvimento do sistema nervoso central (malária cerebral), insuficiência renal aguda, anemia grave ou síndrome de dificuldade respiratória aguda. Outras espécies também podem ter manifestações graves. As complicações da malária *por P. vivax* incluem esplenomegalia (com, raramente, rutura esplénica), e as de *P. malariae* incluem síndrome nefrótica

A. Malária benigna:

1-Febre periódica (Paroxismos). 3 fases:

> Fase fria (1 hora).
> Fase quente (4-6 horas, febre, pele quente e seca e dor de cabeça).
> Fase de sudação (1-2 horas): a temperatura desce e a dor de cabeça desaparece.

2- Anemia hemolítica:-devido à destruição de um grande número de RBSs.

8. Malária grave causada por P. Falciparum:

1. ***Malária cerebral***
2. ***Insuficiência renal aguda***

3. Anemia grave (Hb < 5g %)
4. Hemoglobinúria
5. Hipotensão, Choque
6. Hiperparasitemia
7. Convulsões repetidas
8. Hiperpirexia
9. Hemólise (Sr bil. >3 mg %)
10. Os glóbulos vermelhos parasitados aderem à microvasculatura cerebral, causando o bloqueio do trajeto do sangue. Este bloqueio impede o fluxo sanguíneo, levando a uma escassez de oxigénio e nutrientes nas áreas do cérebro

A doença em animais: Em geral, a malária nos símios é uma doença ligeira que se resolve espontaneamente nos hospedeiros naturais do parasita.

ARTRÓPODES ZOONÓTICOS DA FAUNA SELVAGEM

Sarna

A sarna é causada por um ácaro aracnídeo escavador, *Sarcoptes scabiei*, nos seres humanos. Trabalhos recentes demonstraram que cada espécie de mamífero tem uma espécie específica do parasita. A infeção zoonótica por ácaros que não sejam da espécie específica do ser humano pode ser extremamente irritante; no entanto, os organismos não demonstram a capacidade de completar o seu ciclo de vida num hospedeiro humano.

Doença em animais

As fontes de sarna zoonótica incluem cães, raposas e gatos selvagens, e a infeção resulta do contacto físico direto e próximo. A sarna felina causada pelo *Notedres cati*, também conhecida como sarna notoédrica, provoca comichão intensa no rosto, orelhas e pescoço do gato.

Doença em humanos

A sarna felina é transmissível aos seres humanos. Apresenta-se com bolhas, pápulas vermelhas e crostas. Aparece rapidamente, provoca comichão intensa e, quando as lesões são coçadas, podem aparecer crostas. As lesões aparecem nas áreas do corpo em contacto com o gato e são especialmente comuns nos braços, peito, pernas e abdómen. A sarna canina apresenta um padrão semelhante ao da infeção humana.

Diagnóstico

O diagnóstico pode ser difícil, uma vez que na doença adquirida por via zoonótica as tocas distintivas estão ausentes. As técnicas habituais do teste da tinta das tocas ou do exame de raspagem da pele não produzirão, por conseguinte, resultados definitivos.

Tratamento

Os insecticidas são a escolha terapêutica habitual para o tratamento, sendo o malatião e a permetrina normalmente eficazes.

A pentastomíase, também conhecida como verminose da língua, é frequentemente encontrada em animais domésticos e selvagens, como os cães, que podem ser portadores de pentastomas, que desempenham um papel importante na transmissão dos óvulos do parasita aos seres humanos.

Prevenção e controlo

Embora as estratégias de prevenção e controlo para as várias zoonoses associadas à fauna bravia partilhem muitos aspectos comuns, são também necessárias estratégias específicas para abordar a etiologia e a epidemiologia da doença, as caraterísticas do agente patogénico envolvido, os factores ecológicos e a população em risco. Como a fauna selvagem é um componente essencial na epidemiologia de muitas, se não da maioria, das zoonoses, a fauna selvagem deve ser tida em conta no quadro da análise de risco. Consequentemente, a prevenção e o controlo eficazes em termos de custos das zoonoses nos seres humanos, incluindo a comunicação dos riscos, necessitam de uma abordagem interdisciplinar e holística que reconheça a importância da fauna selvagem como reservatório.

Para aumentar a capacidade de reconhecimento das zoonoses com reservatório na fauna selvagem, são necessários melhores sistemas nacionais de vigilância para os seres humanos e os animais, bem como uma melhor integração e partilha internacional da informação proveniente desses sistemas. As doenças que devem ser notificadas também precisam de ser avaliadas numa base contínua. É necessário melhorar os sistemas de notificação e os programas de rastreio das infecções humanas, incluindo a aplicação da vigilância sindrómica, para detetar zoonoses novas e emergentes. Uma vigilância eficaz depende de um sistema laboratorial capaz de identificar e caraterizar os agentes patogénicos em questão. É necessária mais investigação para compreender melhor a epidemiologia e a patogénese de várias zoonoses, para melhorar os métodos de diagnóstico e para desenvolver vacinas e medicamentos rentáveis. A formação e a educação são pré-requisitos para permitir que o pessoal envolvido nas várias fases, desde o pessoal de campo ao de laboratório, detecte zoonoses, tanto novas como antigas.

A informação e a comunicação são componentes fundamentais de qualquer estratégia de prevenção e controlo. A educação do público e a mudança de comportamento são também factores importantes para uma intervenção bem sucedida. A aplicação de restrições ao movimento antropogénico de animais é outra medida preventiva importante. No caso das zoonoses transmitidas por vectores, o controlo dos vectores deve ser parte integrante de qualquer estratégia de intervenção.

A colaboração interdisciplinar e internacional é necessária para a identificação rápida e a gestão eficaz dos surtos de zoonoses. O papel fundamental das organizações internacionais, como a Organização Mundial de Saúde e o Gabinete.

As medidas de controlo dos vectores devem procurar reduzir os potenciais locais de reprodução das populações de mosquitos adultos ou as suas interações com os seres humanos abaixo do nível que pode sustentar uma epidemia. A criação de um local sentinela para a vigilância entomológica em áreas de elevada densidade de vectores e a sua integração com a dos sistemas de vigilância epidemiológica e viral podem fornecer informações significativas através da notificação de grupos invulgares de doenças febris agudas, de um aumento súbito da densidade de vectores ou do isolamento fortuito de um novo vírus zoonótico. Essas informações podem ser úteis para compreender o risco previsto, prevalecente ou em evolução.

Reforçar a cooperação e a colaboração regional e internacional:

A redução dos riscos para a saúde pública decorrentes de doenças zoonóticas exigirá o empenho e uma ampla cooperação e colaboração de todos os parceiros no sentido de uma visão, objetivo e finalidade comuns. Este facto terá de ser incorporado no quadro estratégico proposto

(Educação sanitária, comunicação dos riscos e mobilização social:

Será necessário estabelecer políticas nos países sobre a utilização efectiva da comunicação dos riscos e do envolvimento da comunidade para abordar o risco para a saúde pública associado ao aparecimento de zoonoses.

REFERÊNCIA

Amer, O. H. (1984). *Alguns estudos sobre os helmintas parasitas de alguns animais selvagens.* Zagazig.

Flint, P. (2017). *Doenças e Parasitas da Vida Selvagem nos Territórios do Noroeste.*

John Berezowski DVM, D. H. (n.d.). *Guia de Campo das Doenças do Bisonte.* The National Bison Association.

Laurimaa, L. M. (2016). Echinococcus multilocularis e outros parasitas zoonóticos em raposas vermelhas na Estónia. *Parasitology, 143(11), 1450-1458.* https://doi.org/10.1017/S0031182016001013.

LM, L. &. (2015). PESQUISA DE PARASITAS GASTROINTESTINAIS E RESPIRATÓRIOS EM LEÕES AFRICANOS SELVAGENS (PANTHERA LEO) DA RESERVA NACIONAL DE NIASSA, MOÇAMBIQUE - RESULTADOS PRELIMINARES. *Conferência Internacional sobre Doenças de Animais Selvagens e Zoológicos 2015At: Barcelona.* Barcelona: Proc Int Conf Dis Zoo Wild Anim 2015.

Odeniran, P. &. (2016). Parasitas zoonóticos da vida selvagem em África: A Review. *Jornal Africano de Investigação da Vida Selvagem. 46. 1-13. 10.3957/056.046.0001.* .

William M. Samuel Ph.D., ,. M. (1 de janeiro de 2001). *Parasitic Diseases of Wild Mammals (Doenças Parasitárias de Mamíferos Selvagens).* Estado de Iowa: Wiley Online Books.

MIX
Papier aus verantwortungsvollen Quellen
Paper from responsible sources
FSC® C105338

Printed by Books on Demand GmbH, Norderstedt / Germany